能源与电力分析年度报告系列

2013
国内外智能电网发展分析报告

国网能源研究院　编著

中国电力出版社
CHINA ELECTRIC POWER PRESS

内 容 提 要

《国内外智能电网发展分析报告》是能源与电力分析年度报告系列之一，系统介绍了国内外智能电网2012年度发展情况，并进行分析和展望，为我国智能电网战略规划和部署实施提供决策参考。

本报告第1章回顾了美国、欧洲、日本、韩国等主要发达国家和地区2012年智能电网研究与实践进展，以及2012年智能电网领域跨国协作与行业联合的成果；第2章主要从战略、规划、政策、标准、技术与设备、试点工程等方面展示中国智能电网取得的主要成就，并对电动汽车及其充换电设施和电力光纤到户与智能小区两个领域做了专题介绍；第3章对未来智能电网发展趋势和重点技术领域做了展望。

本报告可供我国能源及电力工业相关政府部门、企业及研究单位参考使用。

图书在版编目（CIP）数据

国内外智能电网发展分析报告. 2013/国网能源研究院编著. —北京：中国电力出版社，2013.8
（能源与电力分析年度报告系列）
ISBN 978-7-5123-4826-4

Ⅰ.①国… Ⅱ.①国… Ⅲ.①智能控制—电网—研究报告—世界—2013 Ⅳ.①TM76

中国版本图书馆CIP数据核字（2013）第190609号

中国电力出版社出版、发行
（北京市东城区北京站西街19号 100005 http：//www.cepp.sgcc.com.cn）
北京市同江印刷厂印刷
各地新华书店经售
*
2013年8月第一版 2013年8月北京第一次印刷
700毫米×1000毫米 16开本 8印张 92千字
印数0001—2500册 定价 **50.00** 元

能源与电力分析年度报告
编 委 会

《国内外智能电网发展分析报告》
编 写 组

前 言

国网能源研究院多年来紧密跟踪国际、国内智能电网规划、政策、标准、技术及示范工程的最新进展，开展广泛调研和对比分析研究，形成年度系列分析报告，为政府部门、电力企业和社会各界提供了有价值的决策参考和信息。

智能电网（Smart Grid）通过将现代信息和通信技术深度集成应用于电网业务所涉及的各个环节，进而实现电网的高度信息化、自动化和互动化。智能电网作为当今国际电网的发展趋势，在应对气候变化、保障能源安全、带动国家产业升级中具有重大战略意义。

世界主要发达国家正在积极研究制定与各自国情相适应的智能电网发展战略目标、发展路线，通过政策激励、标准制定等措施，不断加快智能电网相关产业发展，积极推动本国智能电网建设。

我国政府高度重视智能电网建设，2010—2012年政府工作报告中均要求加强智能电网建设，并将智能电网列入国家“十二五”发展规划纲要。以国家电网公司和南方电网公司为代表的电网企业积极贯彻落实国家能源发展战略，发挥自身专业优势，成为我国智能电网发展建设的主要引领者和推动力量。国家电网公司结合中国能源资源布局特点和经济社会快速发展的需求，率先提出了发展智能电网的战略目标，积极开展智能电网建设，取得了显著的成效。目前，我国智能电网发展呈现出发展步伐快、建设力度大的特点，总体已经达到世界领先水平。及时总结经验、寻找差距和不足、深入分析国内外智能电网发展的趋势，有助于更高效、经济地发展我国的智能电网事业。

本报告是能源与电力分析年度报告之一，共分3章。第1章主要介绍美国、欧洲、日本、韩国等主要发达地区智能电网研究与实践进展，以及2012年智能电网领域跨国协作与行业联合的主要成果；第2章主要从战略优化与规划部署、智能电网相关政策与法规、标准制定、关键技术与设备、试点与工程建设等方面回顾了2012年中国智能电网发展情况，并对电动汽车及其充换电设施、电力光纤到户与智能小区两个领域做了专题介绍；第3章总结了2012年国内外智能电网发展情况，并对智能电网未来发展趋势和重要技术领域进行了展望。

本报告概述部分由刘林、黄瀚主笔；国外智能电网发展情况部分由张钧、尹明、王阳、黄瀚主笔，黄瀚、张钧统稿；中国智能电网发展情况部分由靳晓凌、李立理、尹明、刘林、杨倩、王雪主笔，冯庆东统稿，胡波、冯庆东、孙强、杨方参与撰写；全书由黄瀚统稿、校核。

在本报告的编写过程中，得到了南方电网公司科学研究院等单位，国家电网公司科技部（智能电网部）、营销部、发展策划部等部门的大力支持，在此表示衷心感谢！

限于作者水平，虽然对书稿进行了反复研究推敲，但难免仍会存在疏漏与不足之处，恳请读者谅解并批评指正！

编 著 者

2013年6月

目 录

概　　述

在经历概念功能定义、战略制定、技术研发及标准体系建设等多方面的积累后，2012年智能电网在全球的发展呈现深化、融合的态势。受金融形势和欧债危机的影响，国外的智能电网发展速度放缓，但各国仍在技术研发和示范工程部署实施等方面积极推进，将智能电网作为实现节能减排目标、应对气候变化、保障能源供应的有力平台。

智能电网与能源发展的关系日益紧密。全球能源的供需形势也影响着智能电网的发展格局。一些国家核电供应能力的削减、风力发电和太阳能技术的广泛使用以及非常规天然气生产的全球化趋势有可能进一步重塑全球能源的未来图景。智能电网在支持包括可再生能源、新的核能、燃气和碳捕捉及封存等技术的多元化能源架构建设方面必将发挥重要、积极的作用。

2012年，美国、欧盟、日本等国结合技术的发展情况和本国需求，对各自的智能电网技术发展路线图进行了滚动修订，加大科研投资力度，加快技术创新的步伐。各国结合各自的特点有针对性地选择发展重点，在很多领域取得了较大的突破，智能电网涉及的各项关键技术不断深化发展。以电动汽车为例，其市场的快速发展推动了智能电网相关技术的推广，各国加大对动力电池的研发力度，一系列实用技术取得重大突破，电动汽车开始进入技术性能提升与价格下降的良性发展轨道。同时，各国超前布局充换电服务网络，全面推动电动汽车的普及应用。

2012年，智能电网领域的国际合作、联合投资、技术协同等创新活动日益活跃。各国都大力推动智能电网标准的国际化工作，争取更多的国际标准制定话语权，在电动汽车、新能源发展、储能技术、微电网等方面国际标准制定权的争夺日益激烈。各国通过主持或参与国际标准的制定，引领本国企业实施“走出去”战略，助力本土企业开拓国际市场。

2012年，中国的智能电网进入了全面建设阶段，各级规划稳步实施，推广项目进展顺利，电网智能化水平稳步提高，在智能电表推广、电动汽车充换电站建设、用户信息采集系统增容和扩展、示范工程和试点项目效果发挥等方面高效推进。中国的智能电网建设对国家节能减排战略、经济结构与能源结构调整、相关产业升级转型等方面的推动作用初步显现。

2012年，中国智能电网发展的政策环境不断完善，措施手段日益丰富。围绕节能减排、产业结构调整、能源发展和科技创新等重大问题，政府制定出台了一批产业规划、政策和法规。其中，《智能电网重大科技产业化工程“十二五”专项规划》作为国家部委层面发布的首个关于智能电网的相关规划，对明确智能电网发展思路和重点任务具有重要价值及指导意义。

智能电网的效能发挥也越来越融入社会、城市的发展中。智慧城市理念在世界各国的受关注度日益提升，中国、日本、韩国等国在智慧城市推进过程中，均将智能电网作为智慧城市的重要支撑，为智能电网的发展带来了新的机遇。

在经历了数年的探索式发展后，欧盟、美国等国越来越重视智能电网综合效益的发挥，纷纷开展智能电网评估研究，总结经验，寻求发展方向。对于中国来说，随着智能电网工程的不断建成投运，对电力光纤到户、电动汽车、智能小区/楼宇等新型智能电网业务，还需要在总结前期试验示范经验的基础上，进一步健全运行维护机制，积极探索新型商业模式，保障新型业务正常运营，提高项目运营收益，确保智能电网新型业务的健康、可持续发展。

1 国外智能电网发展情况

世界范围内，主要发达国家和地区高度重视智能电网的发展，纷纷以政府为主导，积极制定并实施战略规划、推动技术装备研发、参与国际标准制定、开展试点示范建设。经过几年的发展，智能电网的理念内涵得到不断深化，先进技术和装备得到快速发展和推广。2012年，世界各国依据市场和能源发展需求加大了智能电网的建设与研究力度，相关政策和标准陆续出台，技术发展框架进一步梳理明晰。

1.1 国际智能电网发展对比分析

各国智能电网发展呈现出一定的共性特征，主要表现在：

（1）发电侧，重视可再生能源的开发利用。

自从智能电网的概念产生以来，如何有效利用可再生能源始终是其发展过程中的重要话题。美国能源署发布的《国际能源展望2010》中认为，到2035年可再生能源在世界能源消费市场中位列第四，约占14%。随着全球气候变暖、能源安全和短缺问题的凸显，能源问题已成为迄今人类所遇到的最大范围的公共危机，向低碳、绿色经济转型已经成为世界经济发展的趋势。世界各国都已认识到智能电网在应对气候变化、保障国家能源安全、促进科技创新等方面具有的积极作用，在智能电网的发展战略中高度重视可再生能源的开发利用。

（2）电网侧，发展区域电网的互联，强调电网的安全、稳定、可靠、经济运行。

欧美国家的电网普遍面临着基础设施陈旧老化的问题。美国在对电力工业第二个百年发展前景进行展望的报告中认为，电网效率低下、输电堵塞、供电可靠性和电能质量降低已经严重影响了其在世界创新领域的主导地位。近年来发生的大停电事故，如2003年的8·14美加大停电，进一步说明其电网在运行安全和可靠性等方面存在的问题。随着社会的持续发展和科学技术的不断进步，电力设备、电网运行技术等不断发展，如何利用这些新技术，保证电网安全稳定运行、确保可靠优质的电力供应、提高电网资源利用效率，在各国智能电网发展规划中均有体现。

（3）用户侧，提高电力用户和电网的互动性，提倡用户智能用电。

美国《需求响应国家行动》倡议书和《需求响应与智能电网通信实施指导》文件中，详细阐述了如何建立需求响应环境的办法。欧盟委员会在《欧洲智能电网工程》报告中指出：消费者的意识和参与是智能电网项目成功的关键。智能用电技术能够通过支持和引导用户参与供需平衡的自动需求响应，为用户提供灵活友好的用电互动平台，提升用户服务体验，优化用户用电方式。这不仅是未来社会发展的必然结果，而且可以提高电网的使用效率、推动电网的经济运行和有序用电。欧、美、日等发达国家都在持续开展智能用电服务体系的研究工作，探索引导用户智能用电的新方式。

然而，各个国家能源资源禀赋、社会和经济发展水平、电网发展阶段等实际情况不同，尽管各自智能电网的发展表现为实现目标趋同，但出发点和发展侧重点有所不同。各国政府发挥主导作用，通过制定战略、出台激励政策、推动标准制定等途径来促进智能电网向着符合自身特点的方向发展。

（1）新能源领域的发展重点不同。

从美国能源部发布的《四年技术评估报告》中可见，美国在中长期能源技术研发战略中以电动汽车和电网现代化改造为优先资助对象，降低了清洁电力和生物能源的资金扶植力度，以“未来 10 年的商用规模，或者未来 20 年内在削减美国石油消费和碳排放方面的影响”为标准，判断一种能源技术是否应得到政府资助。

欧洲的发展受资源和环境双重制约，大力发展可再生能源对降低能源供应风险、适应能源结构变化等具有重要意义。因此，欧洲智能电网强调环境保护和可再生能源发电的发展。在可再生能源分布上，欧洲的海上风能和太阳能都较为丰富，如北海、波罗的海和欧洲大陆南部的风电以及伊比利亚半岛、欧洲大陆中南部、地中海东岸和南岸的太阳能。另外，欧洲多个大型电力或风电企业均拥有先进的风力发电技术，如丹麦的 Vestas、德国的 Enercon 和 Siemens 都是全球市场份额占有率排位前五名的公司。欧洲的智能电网规划围绕着节能减排和低碳环保进行，重在消纳使用欧洲丰富且多样化的可再生能源。

日本长期以来注重核能和多种可再生能源的利用，但是在福岛核危机发生之后，日本表示将逐步降低对核电的依赖，转而大力发展可再生能源。日本国土面积狭小，可利用的风能有限，日本陆上风电最多能满足国内电力需求的 1%～4%。因此，日本在可再生能源的利用上着重发展太阳能，FIT 政策对可再生能源的扶持达到了空前的程度，而且日本提出要围绕太阳能发电建设“太阳能发电时代相应的输电网”。

（2）电网智能化发展的立足点不同。

美国电网的设施陈旧老化问题突出，安全稳定隐患较多。近年来的几次大停电事故和日益频繁的恐怖活动，使得电网安全问题备受关注。金融危机爆发后，美国政府希望以智能电网改造和建设拉动经济复苏，推动领域技术创新，占领智能电网技术制高点。因此，美国重视对现有电网基础设施的升级改造，加强跨州电网互联，提升电网智能化水平，提高电网运行的安全性和可靠性。

欧洲的风电迅猛发展，邻近未来可利用的北非太阳能资源，潜在的电源结构和布局的调整会引发欧洲大范围电力潮流的改变，需构建欧洲统一电力系统和能源市场，以促进可再生能源的利用、保障能源供应安全。因此，欧洲发展智能电网强调对输电系统的升级改造，重视加强跨区、跨国主网的互联以及跨海输电和直流输电技术的发展，相继提出了泛欧电网、超级电网等概念。

日本电网的智能化水平较高，其智能电网的发展，一是发挥其作为能源利用基础平台的作用，在建设中注重提高资源利用率，实现各种能源的兼容优化利用；二是依托智能电网建设，大幅提高特大型城市核心功能区的供电可靠性和抵御灾害的能力。

（3）推动智能用电、促进用户与电网互动的方法不同。

美国拥有比较完善的市场机制和税收政策，通过优惠的电价、税收和补贴来激励用户，使他们参与到需求响应中来，将需求响应策略自动转化为负荷削减控制行为。

欧洲在推动智能用电方面充分考虑了欧洲国家之间的一致性和协调性，非常重视培育良好的市场环境和电力市场的统一建设，也注重智能用电标准的制定和修订，全面保障智能电网互操作性的实现。另外，欧洲也非常重视保障电力用户信息安全对促进智能用电的积极作用。

日本和韩国在智能用电侧着重发挥本国的技术优势，体现“出口导向型”经济的特点，意在主导制定国际标准，培育在智能用电领域具有国际竞争力的企业与产品，技术基础和产业链中各企业积极性较高，国际合作是其发展战略的重中之重。

（4）促进电动汽车及相关技术发展的思路不同。

美国在发展电动汽车上，一方面加大充电桩和家庭智能充电器等基础设施的建设和布置；另一方面率先开启电动汽车市场竞争，以市场竞争的方式促进电动汽车产业的发展并引导居民较早使用电动汽车。欧洲依托英、法、德等国家在汽车工业上的强劲实力，在发展电动汽车上侧重于关键技术研发，注重培育本土企业在未来市场的核心竞争力。日本表现为以高性能电池技术为先导的混合动力和纯电动汽车多元化发展战略，重视国际标准制定，注重联合本国企业联盟拓展并抢占电动汽车国际市场，推动电动汽车产业的全球化发展。

经过多年的理论与实践探索，世界上许多发达国家目前都已确立了智能电网建设目标、行动路线及投资计划，同时结合各自国情、电网基础设施现状和监管机制，有针对性地拟定了智能电网的发展重点，形成了各自的智能电网发展模式。

1.2 美国

2007 年，小布什政府签署的《能源独立与安全法案》（EISA2007）将智能电网上升为美国国家战略。2009 年奥巴马执政后，持续提升智能电网的战略地位。2012 年，美国智能电网的实施战略与政策方针得到延续和深化，但受内外部经济环境变化，在战略实施细节方面进行了调整与优化，并在技术标准与示范推广等方面取得了一定的进展。

1.2.1 战略调整与规划修编

（一）总体情况

美国建设现代电网的战略研究与规划最早起源于小布什政府时期，高温超导、可视化与控制、可再生能源发电、储能和电力电子等领域被视为主要的战略性技术支柱。小布什政府还在其执政末期，通过签署《能源独立与安全法案》初步建立了美国智能电网法律框架体系。

奥巴马政府上台后，对小布什政府的电网发展战略进行了调整，应对金融危机、促进清洁能源发展成为其电网发展战略的核心驱动力。2009 年 7 月，美国能源部发布了《智能电网系统报告》，首次提出了美国智能电网的范畴、特征与指标体系，系统分析了美国智能电网发展现状与面临的挑战。2010 年 6 月，能源部电力传输和能源可靠性办公室发布了《2010 战略计划》，提出要在未来 10 年内实现电网现代化升级改造，并提出推广智能电网技术，提高系统可靠性和可再生能源并网能力，提高电网安全性和抗灾能力，发展储能设施，提高电力系统输送能力等 5 项重要战略行动。

2011 年 4 月，美国电力科学研究院发布了新版本的《智能电网成本与收益评估报告》。该报告提出了对未来智能电网投资需求（成本）定量分析的方法论、主要设想和分析结果，对美国全面建设智能电网的收益进行了初级评估。该报告指出美国智能电网投资约为 3380 亿～4760 亿美元，而收益为 13000 亿～20000 亿美元，并进一步分析了美国智能电网发展必须解决的问题以及发展趋势。该报告还指出，智能电网的收益主要源于成本降低、可靠性增加、电能质量提高、全国生产力和电力服务提高等诸多功能因素以及促进可再生能源发电和储能的快速发展和电动汽车的普及。

2011 年 9 月，美国能源部发布了《四年技术评估报告》。该报告对能源部的技术研发战略组合进行了评估，并对中长期能源技术研发战略进行了深入阐述。该评估报告提出了 6 个关键领域，即提高输电效率、轻型汽车电动化、发展替代燃料、提高建筑和工业能效、电网现代化以及发展清洁电力。该报告指出未来研发资金要加强对重点领域的集中，将优先资助电动汽车和电网现代化改造类项目。在该评估报告中，美国能源部还明确提出将以在未来 10 年内实现规模化商业应用的前景及在未来 20 年内促进美国降低石油消费和碳排放的作用作为评判标准，来决定政府是否资助相应的能源技术研发项目。

（二）2012 年美国智能电网实施战略与规划调整的重要成果

2012 年，美国在智能电网战略与规划方面陆续发布了新的研究成果主要包括：

（1）海上风力发电。

美国海上风电资源丰富，对该产业的扶持将极大推动加工业、建造业、运营行业的发展，增进就业。按照预期，海上风电行业产生的经济效益和对能源行业的支撑作用未来将不逊于现在态势良好的陆上风电。

2012 年末，美国能源部公布了 7 个海上风电项目，内容涵盖部署、设计以及工程建设等信息。这批广泛分布于美国本土 6 个州的风电项目装机总量逾 400 万 kW。先期选定的缅因、新泽西、俄亥俄、俄勒冈、得克萨斯、弗吉尼亚 6 个州将获得 400 万美元专项资金开展工程建设和项目设计，并完成审批流程。美国能源部将择优选定 6 个州中的 3 个，开展后续的选址、建设工作，预计在 2017 年投入商业运营。选中的 3 个项目都将在未来 4 年得到高达 4700 万美元的资本注入。

（2）公共事业规模太阳能光伏发展路线图。

2012 年 7 月，美国内政部部长肯·萨拉萨尔（Ken Salazar）签发纲领性的太阳能光伏发展环境影响报告书（Programmatic Environmental Impact Statement，简称 PEIS），该报告书旨在促进美国西部六州公共土地上太阳能发电的发展。

PEIS通过建造太阳能区域，为亚利桑那州、加利福尼亚州、科罗拉多州、内华达州、新墨西哥州和犹他州发展太阳能项目提供规划蓝图。

美国内政部（the Department of the Interior，简称DOI）PEIS规划将初步建立17个太阳能区域（Solar Energy Zones，简称SEZs），28.5万英亩的公共土地将优先用于太阳能发电发展，并有望通过未来区域规划过程来发展额外的太阳能区域。倘若这些区域能被充分利用，指定区域的太阳能项目有望产生23700MW的电力。

（3）电动汽车充电设施。

美国经济刺激法案规定，对2010年底前安装的充电设施提供最高达50%的退税政策。2010年底，美国政府决定延期对充电设施的激励政策，对2011年底购置安装充电设施提供最高达30%的退税优惠政策，最高补贴额度对于私人家庭达到1000美元，对于企业达到3万美元。

除了联邦政府，各个州政府也提出了相应的政策。加州政府主导推动基础设施网络建设计划，计划到2020年建成可满足100万辆电动汽车充电的充电网络。美国俄勒冈州运输局2011年9月公布了一项大型快速充电站开发计划，并获得了美国联邦政府200万美元的拨款。这项计划是美国“西海岸绿色公路倡议”的一部分，截至2012年底已有33座快充电站在主要高速公路上投入运行，并有10座快充电站在建，预计于2014年底前并网运行。

1.2.2 政策颁布与措施实施

（一）总体情况

2007年美国国会通过的《能源独立与安全法案》中的“智能电网”一章对美国智能电网的战略推进框架进行了系统的设计与描述，明确了多项重点发展任务和具体承担部门。2009年，在全球金融危机的大背景下，奥巴马政府通过了美国恢复与再投资法案（ARRA2009），对能源独立与安全法案中与智能电网相关的内容进行了修订。ARRA2009法案为能源部OE办公室共提供了45亿美元政府拨款，形成了“覆盖面广、重点突出”的政策扶持体系。

（二）2012年美国颁布的主要智能电网相关激励政策

（1）继续加强对电网基础设施的审批和建设支持力度。

2012年初，美国能源部部长朱棣文宣布成立“快速反应小组”，以加快输电项目审批进程。与此同时，美国农业部也宣布将提供2.5亿美元的农村电网开发贷款，以加强更新陈旧的电网基础设施。

（2）多种政策推动风电业发展。

2012年3月1日，美国能源部部长朱棣文宣布启动一项1.8亿美元的创新技术研发计划支持新型风能利用技术，包括海上风机的安装、海上风机与电网的连接等技术的研发。这项计划实施时间为6年，2012年内的第一笔资金为2000万美元，用来支持最多4个创新型海上风能利用装置的研发。美国海上风能资源有着巨大的开发潜力，可用电源规模预计超过4000GW，如果得到充分开发，将有助于满足沿海城市的电力需求。近年来，美国一直致力于充分利用各类清洁能源。美国能源部已经通过贷款担保等方式，支持了几十个清洁能源项目，总金额超过400亿美元。

风能产品抵税减税法案（The Wind Energy Production Tax Credit，简称PTC）是1992年美国《能源政策法》新推出的一项优惠政策，它为风能等可再生能源发电厂提供运营前10年中每千瓦时2.2美分的优惠，确保了风电在同煤炭、天然气等廉价电力的竞争中占据一席之地，在美国的风电发展中发挥了不可替代的作用。但这项政策的有效期很短，通常只有2年，近些年减为1年，能否延期需要国会投票决定，而国会通常是在PTC有效期满后才进行表决，严重影响了政策的延续性，风电开发商、制造商，以及产业链上的各级供应商只能被动应对，怯于做长线、大手笔投资。作为美国风电产业享有的唯一政策支持，PTC 的存废决定着行业的兴衰。由于这项已经存在了 20 年的政策在延续性方面的缺陷，美国风电发展长期辗转于“繁荣－衰落”的循环之中。

2013 年 1 月 1 日，美国国会投票决定，延长 PTC 有效期 1 年。全力支持清洁能源的奥巴马总统成功连任被视为 PTC 成功延期的重要政治因素。

在此之前，美国风电业界对于 PTC 能否延期并不乐观，特别是考虑到大选年带来的政治不确定性。市场对 PTC“即将失效”的预期十分强烈，并导致了一系列负面影响：相当一部分开发商削减了投资和新项目，设备订单数量明显下滑，几乎所有在美风机制造商都出现了不同程度的裁员。

2013 年的 PTC 出现了一个重要的政策调整，即允许开发商在项目建设启动时申请补贴，而之前的政策规定，只有在风机安装完成并发电后才能申报。这意味着政策制定者已将风电的间歇特性和两年左右的建设周期纳入考量，相当于强化了风电刺激政策。

这项政策调整不仅适用于风电，所有享受同类税收减免的可再生能源产业都将受益，特别是地热、生物质能这类发展规模小、投资风险较大的绿色能源产业。这意味着投资者们能够更早知道项目能否赢得补贴，从而有效降低投资风险，其结果是刺激投资，新政的出现将为美国的地热产业带来至少 40 亿美元的新投资。

（3）加大太阳能发电的投资建设力度。

美国能源部部长朱棣文在 2012 年 4 月 5 日和 8 日相继宣布在 SunShot 计划框架下分别提供 1.7 亿美元和 1.125 亿美元资金用于太阳能光伏发电和制造工艺领域的创新技术研发。

用于太阳能光伏发电技术创新的研发投资将支持以下 4 个领域：太阳电池效率及性能的改善，新的安装（或系统平衡部件）技术，促进太阳能发电并网技术，用于太阳能光伏发电的新材料和新工艺。

美国能源部希望能够通过对这 4 个领域的投资进一步提高光伏发电系统性能，同时降低其成本。项目招标主题包括：

1）提高电池效率：美国能源部与美国国家科学基金会共同资助 3900 万美元，支持可改善太阳能电池性能、降低并网商用组件成本的太阳能设备和光伏发电技术的研究与开发工作。

2）光伏系统平衡部件：6000 万美元资金将用于系统平衡部件的研究、开发及示范。这一主题内的项目包括新式建筑光伏一体化产品、新式支架与接线技术以及制定新的建筑业设计规则，使得在保证安全与稳定性的同时促进使用创新硬件设计。

3）太阳能发电并网系统（SEGIS）的先进概念：4000 万美元资金将用于开发可增强太阳能发电并网能力的技术，推进太阳能发电系统与智能电网之间的双向交流。所涉及的项目包括先进储能技术以及具有更佳系统功能的项目。

4）新一代光伏发电技术：3000 万美元资金将用于早期应用研究、示范并验证太阳能光伏发电组件开发所需的材料、工艺及设备设计等新概念。

用于太阳能光伏发电制造业工艺创新的研发投资 1.125 亿美元，用于加利福尼亚州、佛罗里达州和纽约州的 3 个先进制造合作项目，旨在通过降低太阳能发电设备的生产成本提高大规模应用的竞争力，从而振兴美国的太阳能行业。尽管 SunShot 计划涵盖整个太阳能产业链，但该计划的目标还是推动促进企业间的合作，帮助他们共同解决技术瓶颈，提高商业生产效率。该计划还将增强大学、国家实验室与电池、原料、设备制造商之间的联系。项目包括：

1）加州湾区光伏联盟（Bay Area PV Consortium，简称BAPVC），大学主导开发项目：2500万美元用于美国斯坦福大学和加州大学伯克利分校共同负责的项目，将开发和测试创新材料、设备构造和组装工艺，以实现光伏组件具有成本效益的大批量生产。光伏企业代表将决定研发的主题，以保证该项目与产业和制造需求紧密结合。

2）SVTC Technologies，公司产业主导开发项目：2500万美元将用于创建一个有偿服务的光伏制造开发设施（MDF），帮助创业企业、原材料供应商和其他创新型光伏企业使用，以减少前期投资和运营成本。这可将新企业开展产品研发并进入市场的时间缩短12～15个月。MDF将侧重于硅基光伏制造工艺和技术的商业化。

3）美国光伏制造业联盟（PVMC），产业主导开发项目：6250万美元将用于协调由产业驱动的研发计划，加速新一代铜铟镓硒（CIGS）薄膜光伏制造技术的研发、制造和商业化进程，减少成本和市场风险。PVMC将与美国纽约州立大学的纳米科学与工程学院共同建设制造研发设施，用于光伏企业和研究人员开展产品原型设计、示范和试生产，评估和验证CIGS薄膜光伏制造技术。PVMC还将与佛罗里达大学合作开发具有成本效益的在线测量和校核工具，增加光伏产量。此外，PVMC还将开展多个项目，培育新的光伏技术和企业，培养光伏行业人力资源。

为进一步支持SunShot计划，美国能源部2012年底宣布再投资5600万美元，进一步推动尖端聚光太阳能项目。共实施21个项目，遍布13个州，与私营行业、国家实验室和高校合作，但仍由议会划拨经费。这些项目的目的是研究会造成性能突破的创新概念，提出聚光太阳能系统中收集器、接收器和电力循环设备设计的新方法。

（4）继续推动电动汽车普及。

奥巴马第一届当任期间，不遗余力地支持新能源车的发展，设定了2015年之前电动车累计销量100万辆的目标，并为电动车提供税费优惠，2012年2月优惠额度从7500美元提升到10000美元。

在全球新能源汽车大会公布的《2012年全球新能源汽车产业发展研究报告》中，美国新能源汽车销量仍居全球首位：2012年前三季度，美国新能源汽车售出31081辆，同比增长19978辆，增长率为179.93%。

2012年8月，奥巴马政府正式出台2025年企业平均燃油经济性标准（Corporate Average Fuel Economy，简称CAFE)，要求美国市场上各车企2017—2025年款新车的燃油经济性平均值应当达到百公里4.3L油耗，几乎是当前车辆水平的一半。该标准将促使车企大力推广新能源汽车。

2012年11月，奥巴马政府宣布再次向新能源汽车研发领域拨款1.2亿美元。这1.2亿美元主要用于新一代“更便宜的汽车电池”和储能系统的研发。此研发项目将涉及5个国家级实验室、5家大学和4家私营企业，能源部将分5年依次将资金发放到位。涉及的4家私营企业包括陶氏化学、应用材料、江森自控和清洁能源信托公司。这显示了奥巴马政府将“新能源汽车”路线进行到底的决心，并以此为主导最终完成“汽车业革新”的历史使命。

1.2.3 标准制定/升级与技术发展

（一）总体情况

（1）美国国家标准与技术研究院（NIST)。

2007年通过的EISA2007法案明确规定由美国国家标准与技术研究院牵头开展智能电网互操作标准的制定。NIST从2008年起开展了一系列工作，并在标准制定工作组织体系、标准制定路线图以及初选标准等方面取得了一系列成果。2010年1月，NIST发布了《智能电网互操作标准框架和路线图 1.0》最终稿，提出了美国智能电网涵盖 7 个领域的概念模型。

（2）美国电气电子工程师协会（IEEE）“P2030”工作组。

美国电气电子工程师协会（IEEE）于 2009 年成立了“P2030”工作组，负责提出智能电网中使用的各种通信系统的通用接口标准指南，并规定各种系统相互连接时所需的参数等。2011 年 7 月，IEEE 标准协会（IEEE SA）宣布《IEEE P2030 能源技术和信息技术与电力系统（EPS）、最终应用及负荷的智能电网互操作性指南》开始在线发售。IEEE P2030 是行业中第一份跨领域的智能电网互操作性指南。该指南梳理了电力系统和终端用电设备/用户之间的互操作知识体系，包含相关技术术语、技术特征、性能表现、评估标准以及工程原理的应用。2012 年 3 月，IEEE 进一步公布了智能电网 5 项新标准及 1 个标准开发项目，这些标准都是着眼于智能电网发展过程中出现的新应用需求，对全球智能电网发展起到有效的推动作用。

（二）2012 年美国在智能电网技术标准方面的新进展

（1）美国国家标准与技术研究院（NIST）。

NIST 在 2012 年 2 月发布了《智能电网交互系统标准的框架路线图 2.0》。相比其在 2010 年 1 月公布的版本，路线图 2.0 版中添加了 22 条新标准、技术规范以及指南，还对智能电网体系结构进行了拓展。该标准框架草案对 1.0 版框架中未考虑到的标准进行了补充，并强调了智能电网标准框架的开发将是一个持续完善的过程。此次新公布的标准包括：

1）扩展智能电网体系结构。

2）网络安全相关标准，包括为安全措施提供指导的风险管理框架。

3）互操作过程参考手册，测试装置和连接到电网中系统一致性的新框架。

4）协调美国智能电网标准与世界其他国家智能电网标准的相关信息。

5）概述该领域的未来工作，包括电磁干扰相关标准。

该标准框架勾画出一个美国现有电力系统转换成可互操作智能电网的计划：集成了信息和通信技术的输配电设施，允许能量流和信息通信双向交互，具体如图1-1所示。

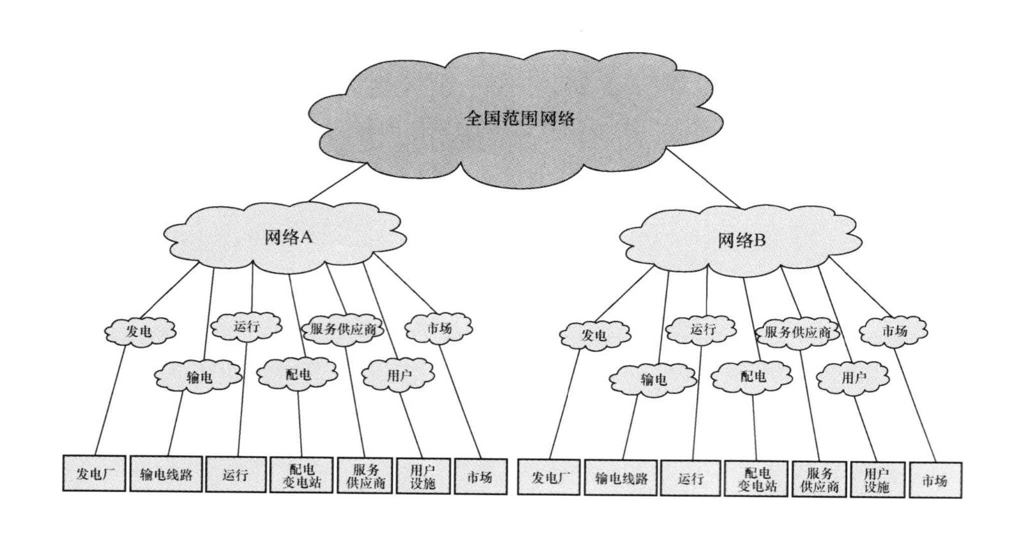

图1-1 智能电网信息交互网络

(2) 国际电气电子工程师协会（IEEE）“P2030”工作组。

2012年12月，IEEE宣布了IEEE802®系列标准中的4项无线通信技术升级，并将启动新的IEEE802标准开发项目。此次的新标准系列是基于IEEE标准协会现有的标准而升级的，它们将支持全球电力行业对智能电网数据通信基础设施的需求。新的IEEE802标准系列包括：

1）IEEE802. 15. 4g^{TM}－2012——IEEE局域网和城域网标准第15. 4章：低速率无线个人区域网（LR-WPANs）修订版3，低数据速率、无线、智能电表设施网络的物理层（PHY）规范。这是一部全球通用标准，为智能电网中使用的超大范围智能电表应用和高级电表基础测试实现电信级无线通信连通。这个标准支持不同地域上的网络采用最小基础设施，它们具备连接数百万终端的潜力。这部新标准是IEEE802. 15. 4^{TM}的修订版，其中涉及这类应用和部署所要求的通信范围、稳健性和共存性等方面的内容符合IEEE802. 15标准的总体目标，而现有标准中不包含这些内容。

2）IEEE802. 16^{TM}－2012——IEEE宽带无线接入系统空中界面标准。该标准支持在全球范围内采用创新的、具成本效益的、可互操作的和多供应商的宽带无线接入（BWA）产品，使用以太网和IP界面，电力公司可用于机对机智能电网应用。该标准规定了固定和移动相结合的点对多点BWA系统的空中界面，包括媒体接入控制和物理层等。标准还升级了ITU指定为IMT－2000的Wireless MAN－OFDMA空中界面。IEEE802. 16p^{TM}－2012是另一个修订标准，为“支持机对机应用提供了改进”，其中规定了更多智能电网应用的改进内容。

3）IEEE802. 16. 1^{TM}－2012——IEEE宽带无线接入系统的Wireless MAN-Advanced空中界面标准。该标准改进了空中界面，并提升了城域网容量，电力公司可在智能电网机对机通信和移动声音应用中使用，支持使用以太网和IP界面。IEEE802. 16. 1－2012是被ITU指定为IMT-Advanced技术的最新独立版本，IEEE802. 16m^{TM}－2011对这项技术首次进行了规范。IEEE802. 16. 1b^{TM}－2012是另一个修订版，阐述了其他智能网络应用方面的进展，并提供了“机对机应用方面的改进”。

另外，IEEE标准协会已批准制定一部新标准，旨在实现异质网络中不同类型网络间的无线数据组连接切换。电力公司可使用这个标准实现大型设备组从一个网络切换到另一个网络，确保在网络失去部分连接时，可持续实现连通和稳定服务。IEEE802.21d™——局域网和城域网标准第21章：媒体无关切换服务修订版，组播组管理，意图对IEEE802.21™—2008标准进行修订，增加多用户同时切换的功能。

（三）2012年美国部分重要新技术的进展

2012年美国与智能电网相关的主要技术进展表现在储能技术和云计算技术方面。

（1）储能技术研发投入力度进一步加大。

美国能源部部长朱棣文在2012年初宣布，计划未来5年投入1.2亿美元建立“新能源创新中心”，着重研究先进的电池技术和储能技术。能源创新中心是奥巴马政府清洁能源研究战略的一部分，旨在利用创新实现重要能源技术突破，从而发展清洁能源经济，创造与清洁能源有关的新就业机会。在推进当前对储能技术认识的同时，该中心的作用是开发全新的科学方法，包括探索新材料、设备、系统以及新方法，用于交通和电力公用事业规模的储能，鼓励新的储能系统设计和开发工作，扩展器件原型来验证电化学储能的全新方法，克服当前的制造限制，通过创新来降低储能系统的复杂性和成本。在2012财年，美国政府将首先拨款2000万美元，用于加快电化学能量储存方面的研究。

2012年8月，美国能源部宣布其高级研究项目署能源分支（Advanced Research Projects Agency-Energy，简称ARPA-E）将资助19个创新项目，经费总额达4300万美元，用来寻求能源存储技术的突破，支持前景良好的小企业发展。19个项目分为2类，分别是储能设备的先进管理和保护（AMPED，3000万美元经费）与小企业创新研究（SBIR，1300万美元经费），重点关注先进的电动汽车电池管理技术和储能技术创新，促进电网效率和可靠性的提高，保障美国武装部队的能源安全。

新一轮ARPA-E项目旨在解决能源存储技术面临的挑战。能源存储技术的突破将会彻底改变美国人使用电动汽车、电网储能的方式，并提高美国军队在偏远前线作战基地获取能源的方式。这些尖端项目将会改变美国的能源基础设施、大幅减少对进口石油的依赖，增强国家的能源安全。

AMPED方案包含12个研究项目，重点研发先进传感和控制技术，显著提升电网和电动汽车用电池的寿命、性能和安全方面的创新力。与美国能源部推动的电化学储能电池的前沿技术不同，AMPED关注如何最大限度地发挥现有电化学储能电池的性能。这些技术创新有助于减少下一代储能系统的成本和提高使用性能，并可应用在插电式电动汽车和混合动力汽车中。如俄亥俄州哥伦布市的巴特尔纪念研究所，将研发新型光学传感器，用于实时监测锂离子电池的内部环境。

SBIR方案包含7个研究项目，用于扶持发展前景良好的小企业开发用于固定电源和电动汽车的尖端储能技术，这些项目将在电池设计方法和电化学储能电池方面有所创新。譬如，位于俄勒冈州波特兰市的储能系统公司，将采用先进的电池设计方法、电解质材料和低成本的铁研发电网使用的液流电池储能系统。液流电池的目标成本小于100美元/（kW·h），可推动可再生能源技术在电网中的部署。

宣布的新AMPED和SBIR/STTR项目信息如表1-1和表1-2所示。

表 1 - 1 能源存储设备（AMPED）

牵头组织	金额（美元）	牵头组织的位置（城市，州）	项目名称和简介
帕洛阿尔托研究中心	400 万	帕洛阿尔托，加利福尼亚州	名称：带光学输出的智能嵌入式传感器网络（SENSOR） 简介：帕洛阿尔托研究中心将研发一种新式光纤传感器，它可被插入到电池组中监测电池的充放电周期。这些紧凑型光纤传感器在线测量电池的工况，避免电池退化和失效
福特汽车公司	310 万	迪尔伯恩，密歇根州	名称：汽车和电网用蓄电池的高精度寿命测试 简介：福特汽车公司和 Arbin 仪器将开发一个高精度电池测试设备，用来改进电池寿命的预测和验证。设备非常精确的采样值将减少新汽车和固定电池在研究、开发和资格测试中所需的时间和费用
GE 全球研发中心	310 万	尼什卡纳，纽约州	名称：超薄应变和温度传感系统 简介：GE 全球研发中心将开发薄膜传感器，能够实时、二维映射出电池组内每个单元表面的温度和压力。这些新型传感器比目前的热传感器具有更高的分辨率，改善电池内部的量测能力并降低电动汽车的成本
橡树岭国家实验室	100 万	橡树岭，田纳西州	名称：锂离子电池单元的温度调节 简介：橡树岭国家实验室正在研究一种创新的电池设计方法，能够更有效地调节电池在使用中形成的破坏性热点。从电池的活性物质中带走热量，这种改善预计会延长电池的使用寿命，同时降低热管理相关的系统成本

续表

牵头组织	金额（美元）	牵头组织的位置（城市，州）	项目名称和简介
犹他州立大学	300万	洛根，犹他州	名称：单元级大型电池组的电源管理 简介：犹他州立大学将开发电子硬件和控制软件，创建一个先进的电池管理系统，主动发挥电池组中每个单元的最优性能。这种单元级电池管理系统能够减少电动汽车电池组25%以上的成本
巴特尔纪念研究所	60万	哥伦布，俄亥俄州	名称：电池故障在线检测 简介：巴特尔将研发一种光学传感器实时监视锂离子电池的内部环境。这种内部传感器能够检测电池内部故障的位置和级别，以及现在的电池传感器技术无法识别的其他有害条件
美国宾夕法尼亚州立大学	100万	大学科技园，宾夕法尼亚州	名称：可重构电池组健康管理系统 简介：美国宾夕法尼亚州立大学正在研究一种电动汽车电池组创新设计方法，该方法可在电池单元间实时重路由电源。这种可重构的电池体系比较今天的电动汽车电池组，能够提高电池的安全和性能
圣路易斯华盛顿大学	200万	圣路易斯，密苏里州	名称：基于实时预测建模和自适应电池管理技术的电池优化运行和管理 简介：圣路易斯华盛顿大学将开发一种电池预测管理系统，使用创新的建模软件优化电池的使用。这种系统能够实时预测最佳的充放电运行过程，提高电池的性能并改善电池的安全性、充电速率和可用容量

续表

牵头组织	金额（美元）	牵头组织的位置（城市，州）	项目名称和简介
Det Norske VERITAS	200万	都柏林，俄亥俄州	名称：传感增强和模型验证的电池储能系统 简介：Det Norske VERITAS将开发一个气体监测系统，在电池运行在紧张状态和存在过早失效的风险时，它将发出预警信号。随着电池的退化，它们散发出数量可测的气体，可以反映出电池的使用时间。这种检测方法可优化电池性能并帮助其他应用程序调整电池使用
西南研究院	70万	圣安东尼奥，得克萨斯州	名称：锂离子电池的应变估计技术 简介：作为分析电池容量和工况的一种新方法，西南研究院将跟踪挖掘锂离子电池在充放电周期物理扩张和收缩的潜力
罗伯特·博世公司	310万	帕洛阿尔托，加利福尼亚州	名称：先进的电池管理系统 简介：博世将开发电池监测和控制软件，用来改善电能的使用、可靠性、电动汽车电池的充电速率。博世先进的电池管理系统将引发电池内部环境实时建模的重大突破
伊顿公司	248万	南菲尔德，密歇根州	名称：混合动力汽车的电池预测管理系统 简介：伊顿公司正在开发一个电源控制系统，用来优化商业规模的混合动力汽车的运行。在不损失电池寿命或车辆性能的条件下，伊顿的创新方法减小大型混合动力汽车电池的尺寸，为商业车辆提供更加成本有效的解决方案

表 1-2 储能 SBIR/STTR 项目

牵头研究组织	金额（美元）	牵头组织的位置（城市，州）	项目名称和简介
ITN 能源系统公司	172 万（SBIR）	利特尔顿，科罗拉多州	名称：先进的全钒氧化还原液流电池 简介：ITN 将显著改善目前最先进的用于电网储能的全钒液流电池。该项目集成了一个具有新式液流电池化学特性的低成本薄膜，开发一个小型商业和居民用户可负担得起的可再生能源，如太阳能和风力发电的能源储存系统
储能系统公司	172 万（SBIR）	波特兰，俄勒冈州	名称：铁流电池 简介：储能系统公司将构建一个用于电网储能的液流电池系统，使用先进的单元设计和低成本的铁电解质材料。液流电池具有不少于 100 美元/(kW·h) 的目标成本，它使可再生能源技术在整个电网中部署
TVN 系统公司	172 万（STTR）	劳伦斯，堪萨斯州	名称：溴氢电能储存系统 简介：TVN 系统公司，美国堪萨斯大学和范德比尔特大学将开发一种低成本、先进的液流电池，它具有持久耐用的膜结构和独特的催化剂。这一项目的成功使可再生能源技术能够在整个电网中部署
材料和系统研究公司	172 万（SBIR）	盐湖城，犹他州	名称：先进的钠电池 简介：MSRI 将设计先进的钠电池膜，它比现有膜技术更强壮而且成本更低。这种制造工艺将高强度膜用于电网储能的电池中，在单一步骤中就能够延长电池寿命，提高使用的安全性

续表

牵头研究组织	金额（美元）	牵头组织的位置（城市，州）	项目名称和简介
pellion 技术公司	250 万（SBIR）	剑桥，马萨诸塞州	名称：普通金属可充电多价电池 简介：pellion 将开发一种电动车的充电电池，它可能扩展今天锂离子电池三倍的行驶里程。该电池使用国内储量丰富的、成本低廉的金属制造。如果取得成功，这项技术可以大大延长电动汽车一次充电后的行驶距离
西拉的纳米技术公司	172 万（SBIR）	亚特兰大，佐治亚州	名称：能量密度加倍的运输用锂离子电池 简介：Sila 将开发一种电动汽车电池，加倍今天锂离子电池的容量。这种技术使用低成本纳米复合材料，能够减少一半或一半以上的能源储存成本。储能成本减少将加速电动汽车的普及，消除目前电动汽车行驶里程短的忧虑
Xilectric 公司	172 万（SBIR）	奥博恩代尔，马萨诸塞州	名称：再造的爱迪生电池 简介：xielectric 将重塑今天电动汽车的托马斯·爱迪生化学电池。改造电池的成本将远少于今天天然气动力车使用的电池成本。基于国内现有的铝和镁，这种电池采用创新的化学方法，通过简单的操作就能提高性能和降低成本

ARPA - E 在 2009 年开始寻求储能技术的转型和突破。对于私营企业来说，这种投资的风险太大。然而，储能技术的突破有可能带来能源技术的飞跃，形成全新的产业基础，产生重大的商业影响。之

前，ARPA-E 的研究成果已经派生出大约 180 个开创性的项目，总投入接近 5 亿美元。

（2）云计算技术成为美国智能电网技术战略的重要组成部分。

2011 年 11 月，NIST 发布了名为《云计算技术路线图（草案）》的报告。2012 年 2 月美国联邦政府推出《联邦云计算战略》时，采纳的是由美国国家标准与技术研究院的云计算定义。云计算是一种按使用量付费的模式，这种模式提供可用的、便捷的、按需的网络访问，进入可配置的计算资源共享池（资源包括网络、服务器、存储、应用软件、服务），只需投入很少的管理工作，或与服务供应商进行很少的交互，这些资源就能够被快速提供。目前美国政府正处于大规模云计算项目部署的初级阶段，该项目将把 200 亿美元（约占年度 IT 研发预算的 1/4）的预算转向计算机云存储领域。

经过发展实践，目前较为服务提供方和服务获取方所认同的云计算有按需服务、网络访问、资源池、快速调整、按使用付费 5 个特点。云计算的模式虽然不断被各大公司和相关机构总结推出，但是目前较为权威的是在美国《联邦云计算战略》中所列的 4 个应用模式：私有云、社区云、公共云、混合云；3 个服务模式：云计算软件服务、云计算平台服务、云基础设施服务，即通常所说的 SaaS，PaaS 和 IaaS。

目前，虽然世界各国政府都非常重视云计算的研究与应用，许多国家已经将其纳入国家发展战略，但真正在政府内部广泛应用云计算的只有美国联邦政府，将云计算概念、应用模式、服务模式、发展路线图以及标准制定在其发展战略中具体明确的也只有美国。随着云计算技术的发展和逐步应用，美国政府更加关注云计算所带来的隐私、安全等方面的挑战。为了缓解风险，美国政府重点采取了 3 方面措施：

1）制定指导各级政府向云计算快速迁移的国家战略规划。

2）加强相关标准和流程的研究制定。

3）创造安全的云计算应用环境。

（3）GE公司发布报告工业互联网白皮书。

2012年11月，GE公司发布了白皮书：《工业互联网：突破智慧与机器的界限》，正式提出了工业互联网的概念。GE公司认为，工业互联网是继第一次技术浪潮——工业革命、第二次技术浪潮——互联网革命后的第三次技术浪潮。简单地说，工业互联网就是将人、数据和机器连接起来的开放、全球化的网络。智能机器、高级分析和工作中的人是工业互联网的3个关键元素。

1）智能机器：以崭新的方法将现实世界中的机器、设备、团队和网络，通过先进的传感器、控制器和软件应用程序相连接。

2）高级分析：充分利用物理分析、预测算法、深入应用自动化、材料、电气工程及其他了解机器和更大系统运转方式所需的专业知识。

3）工作中的人：实时连接各种工作场所的人员，以支持更为智能的设计、操作、维护以及高质量的服务与安全保障。

将这些元素融合起来，可为企业与经济体提供新的机遇。例如，传统的统计方法采用历史数据收集技术，通常将数据、分析和决策分隔开来。随着先进的系统监控和信息技术成本的下降，实时数据处理的规模大为提升，提供的高频率实时数据为系统操作提供全新的视野。机器分析则为分析流程开辟新维度。与现有的整套“大数据”工具联手，各种物理方式间，以及行业领域专业知识与信息流的自动化和预测能力之间，能够实现优化结合。最终，工业互联网将涵盖传统方式与新的混合方式，通过先进的特定行业分析，充分利用历史与实时数据。

工业互联网可以应用在任何一个工业领域，主要目的是提升工业领域的效率。目前GE公司主要针对其主营工业领域开展研究和应用，包括医疗、航空、电力等。资产和设备的管理、维护及运行是工业互联网在电网中的一个可能的应用。在电力系统中，设备损坏可能引起停电，造成经济损失和社会影响。借助工业互联网，从最大型的发电设备到安装在电线杆上的变压器等一切设备都可以联网，提供状态更新和性能数据。从这些数据中，运营商可以针对潜在问题采取措施，从而避免给企业带来巨大的损失。此外，现场工人可以在计划维修之前避免成本高昂的“实地查看”，并且能够预测问题且准备好修复用的零部件。电力部门也可以尽可能整合有关传输资产、植被和气候的信息，可以确定植被造成断电的可能性以及断电的潜在影响，使电力工业能更好地开展工作并尽可能降低成本。

1.2.4 投资与建设重点

2012 年，美国政府用于智能电网的公用事业支出达 236.8 亿美元（约合 1475 亿元人民币），较 2011 年增长 47.1%。在未来 5 年内，智能电网投资将继续增长，预计 2018 年将达到 808 亿美元（约合 5031 亿人民币）。2012 年美国智能电网投资建设重点主要表现为：

（一）推广电动汽车

全球新能源汽车大会公布的《2012 年全球新能源汽车产业发展研究报告》显示，2012 年前三季度，美国新能源汽车售出 31081 辆，同比增长 19978 辆，增长率为 179.93%，新能源汽车销售总量居首；排在第二位的日本，2012 年前三季度销量为 17513 辆，同比增长 8896 辆，增长率为 103.24%。

电动汽车生产规模扩大和新车型加入统计是美国和日本新能源汽车销量大增的重要原因，技术改进和油价上扬等因素进一步刺激了美国新能源汽车市场。报告同时指出，虽然 2012 年各国新能源汽车产业获得了政府不同程度的支持，并呈现出普遍的增长态势，但全球新能源汽车产业仍处于初级阶段，销量受政策影响较大。未来，各国政府需提供稳定、长效的支持政策。同时，要进一步丰富新能源汽车车型，为消费者提供更多选择，合力推动全球新能源汽车产业的发展。

（二）西北太平洋智能电网示范工程

在花费了两年时间的筹备之后，美国最大的智能电网示范工程——西北太平洋智能电网示范工程（PNW-SGDP）于2012年秋季正式启动建设。

项目参与方包括来自爱达荷州、蒙大拿州、俄勒冈州、华盛顿州和怀俄明州的11家电力公司，博纳维尔电力管理局，华盛顿大学，华盛顿州立大学和5家技术合作伙伴，由Battelle研究中心承担分析工作。项目中的1亿7800万美元由美国能源部根据《复苏法案（Recovery Act）》进行资助，该项目建设容量超过112MW，将惠及6万个电力行业用户，具体如图1-2所示。

图1-2　西北太平洋智能电网示范工程部署示意图

PNW - SGDP 工程计划实现 5 个重要的目标：量化智能电网的成本和盈利；促进可再生能源资源的整合；验证新智能电网技术和商业模式的有效性；向网络互用性和网络安全提出更先进的标准；在分布式发电、存储和需求以及现有电网基础措施之间实现双向通信。

PNW - SGDP 工程在 2010 年 5 月拉开序幕。2010—2012 年，参与项目的电力公司安装了大量的智能电网设备，如智能电表、水加热器负载控制器、太阳能电池板、电池存储系统和备用发电机，为该项目的全面实施打好基础。目前，系统的基础设施都已经到位，相关电力公司已经完成横跨西北太平洋地区智能电网设备的安装和部署。“交互控制”系统预计于 2013 年“启用”，已安装的电力设备有望在同一调控下响应电力系统的运行状态。

项目以新型的交换控制和协同网络为中心，由先进的分散式系统提供通信功能。该项目侧重于创建一个新的交互控制和协调系统。这个分布式系统将协调横跨美国 5 个州的电力设备和发电机出力，目的是更加经济和高效地使用电能。该系统发送信号给指定地区告知其预测的供电成本，并允许当地的负荷和分布式电源响应价格激励信号；负荷和分布式电源也将回送一个“反馈”信号，告知其预测的能源消耗量或者供电计划。指定地区的系统潮流可能受这两个信号的影响而变化，这两个信号还被用作管理本地的需求响应资源。目前，正在大量的电网设备中测试这项技术，评估它如何改善电网的效率和可靠性。

可再生能源接入是交互控制和协调系统工作的另一个范例。目前，西北太平洋博纳维尔电力局辖区大约有 4000MW 的风力发电电源。在未来，风力发电装机预计将增加两倍，与沿哥伦比亚河和蛇河联邦水坝的装机容量相当。该系统将激励可再生能源消费，其管理需求响应资产的能力有利于平衡风能的间歇式特性，并允许发电资源的优化运行使系统减少弃风。

该项目未来两年将通过双向通信系统收集数据，这有助于更有效地运营系统，并确定适合本地区的技术类型。在收集数据和积累经验后，会更清楚需要实现的效益，并确定如何通过目前在西北太平洋地区之外的智能电网部署来实现这些效益。诚然，PNW-SGDP 工程不能解决美国所面临的全部可再生能源发电消纳的问题，但该项目向引领美国走向一个更加高效、可持续水平更高和电力系统更灵活的社会迈出了重要的一步。

1.3 欧洲

欧盟委员会早在 2006 年就发布了能源绿皮书《欧洲可持续的、竞争的和安全的电能策略》。2010 年发布的《欧洲电网计划 2010—2018 年路线图暨 2010—2012 年实施计划》（EEGI）对其智能电网发展具有重要指导意义。

1.3.1 战略调整与规划修编

2010 年，EDSO 和 ENTSOE 共同发布了《欧洲电网计划 2010—2018 年路线图暨 2010—2012 年实施计划》（EEGI），提出了六层次的未来欧洲智能电网功能模型，并预计从 2007 年开始到 2013 年欧盟层面的电网研究项目投资将达到 4 亿欧元。该计划对欧洲电网的发展具有较大指导意义。

随着欧盟 2020 年“20—20—20”目标和 2050 年“电力生产无碳化（CO_2 Free Electricity Production）”发展目标的确立，欧洲电力系统面临更大的压力。目前，欧洲各国的科研和技术创新步伐仍显缓慢，不能满足欧盟能源和环境战对电网提出的发展要求。

新版 EEGI 路线图（征求意见稿）发布于 2012 年 9 月。在 2012 年底的 EEGI 项目交流会上，报告的主要内容得到了参会人员的认可。新版路线图分析了为实现欧盟提出的能源和环境战略，欧盟电网正在发生的变化以及面临的挑战，揭示了 2050 年泛欧电力系统的主要特点：

（1）间歇性可再生能源的大量接入，无法精确调度电源的占比增加，对电力系统的运行灵活性提出了更高的要求，如图 1－3 所示。传统电网中的灵活源主要来自发电侧，不可控源主要来自用户侧。智能电网中，需求侧包含了更多的灵活源，而发电侧的不可控性增大。同时，发电距离负荷越来越远，需要增加输电系统的可控性和输电能力，输电公司和配电公司需要保证电网更坚强、更可靠。同时，需要使一些新的技术如储能可实现集成应用，满足双向潮流要求。输配电网面临的电网规划和运行的优化问题变得更加复杂。

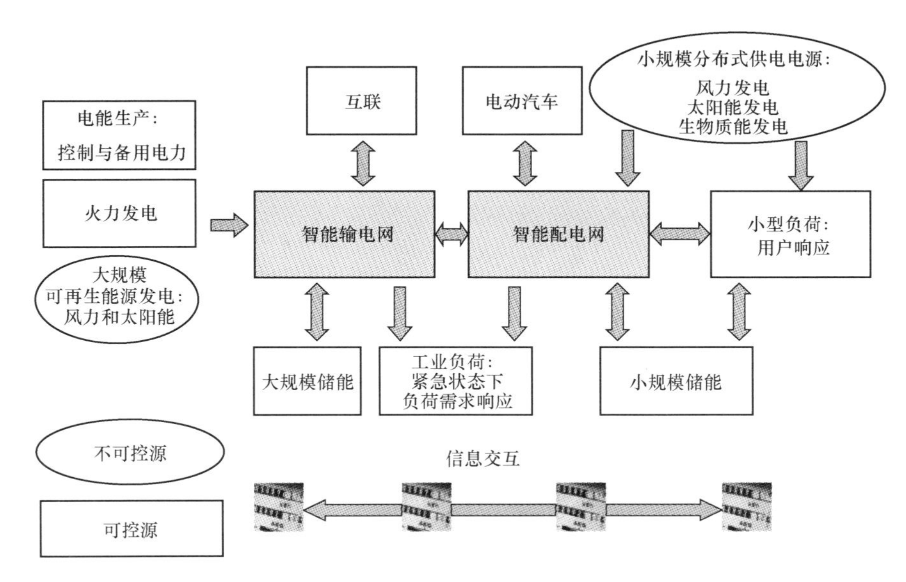

图 1－3　电力系统中不可控制源和灵活源

（2）调度运行和备用安排中需要考虑的灵活源更多、更复杂，包括常规机组、可再生能源发电电源、分布式能源发电电源、需求响应、储能系统等，需要与相应的测量、控制、监测手段相匹配，以及相配合的市场机制。

（3）第三方的出现。第三方的作用是管理小型的电力生产者和消费者，并代表其参与市场交易。需要更加灵活、主动的配电网，满足本地发电和负荷的接入需求。

（4）电网控制分层次协调。整个电力系统的控制结构将越来越呈现分散协调性控制模式。运行部门需要和大型发电厂、第三方交互，第三方需要和小用户、分布式能源、主动负荷、分布式储能系统间交互。

2050年泛欧电力系统结构如图1-4所示。

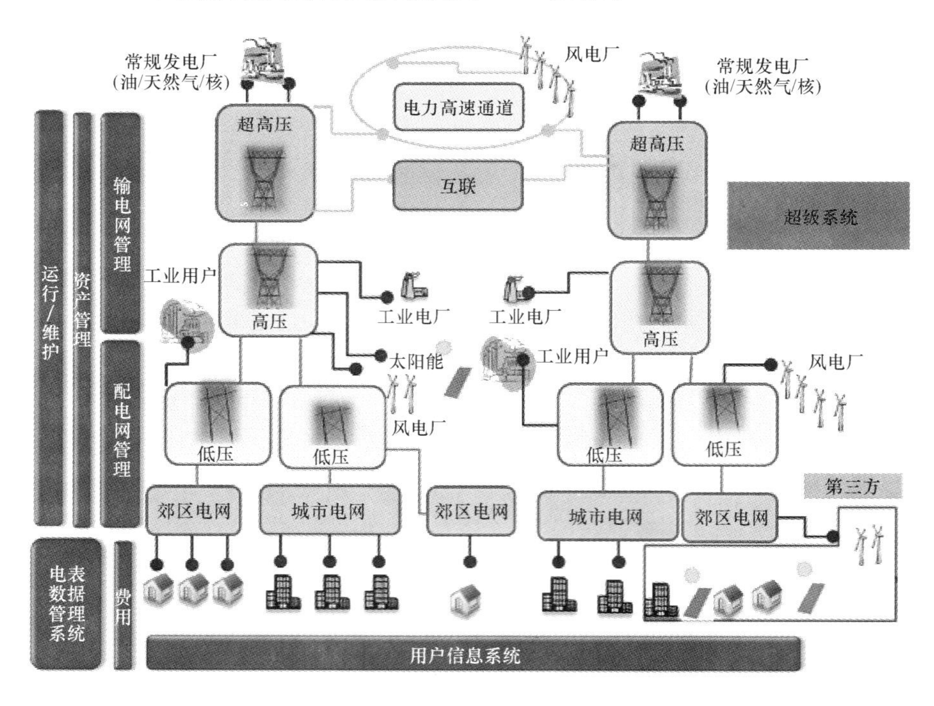

图1-4　2050泛欧电力系统结构

2050年泛欧电力系统远景中，电网需面临的主要挑战包括：

（1）超高压电网技术成为未来技术发展选择之一，可再生能源接入各级电压。超高压电网互联形成电力高速通道，实现资源大范围优化配置。

（2）可再生能源发电将大规模集中接入输电网（特别是风电和光伏发电）。许多电厂远离负荷中心，因此需要对电网进行扩容。与之相对立的是，由于输电建设周期比发电建设周期长，电网发展滞后、投资不足，带来了电压无功调节能力不足、安全稳定水平不足等问题。此外，由于民众对架空线路的抵触心理，输电公司只能采用昂贵得多的技术，如地下电缆或高压直流输电，这些技术解决方案使欧洲电网的规划和运行变得日趋复杂。

（3）小型的屋顶光伏和大规模的风电场、光伏电站在电网中同时存在，取代了传统的化石燃料发电厂，改变了系统的辅助服务方式和结构，需要研究相应的措施。

（4）电力电子装置在发电系统中的使用，如 PV 并网采用的全电子式逆变器和风电场并网采用的直流背靠背解决方案等，以及 FACTS 设备、直流输电和直流电网的应用。这些装置的应用一方面增加了输配电系统中潮流的可控性，但也使整个欧洲电网的惯性变小，系统承受扰动的能力变弱。

（5）数量很少的大型机组和众多的小机组的结合，使电网的运行特性发生了改变。因为众多的分布式发电集聚退出运行，同样会导致大的系统扰动，其结果和几台大型的核电站退出运行相同。为保证欧洲电网的安全，输电网和配电网的协调、合作成为必需。

（6）目前输电公司和配电公司之间几乎没有什么信息共享，对配电系统状态和运行状况（如负荷水平、容量、电压特性）通常不进行监控。随着输电系统和配电系统物理连接变得更加紧密，运行过程的联系更加密切，需要实现输电公司和配电公司之间的实时通信和相互协调。

（7）RES 的并网和火电厂数量的减少，需要新的电力市场机制，支持服务提供商和用户参与电力系统运行。

针对上述挑战，新版EEGI线路图提出2013—2022年的输、配领域和输配联合研究领域的科技创新重点如图1-5和表1-3～表1-5所示。

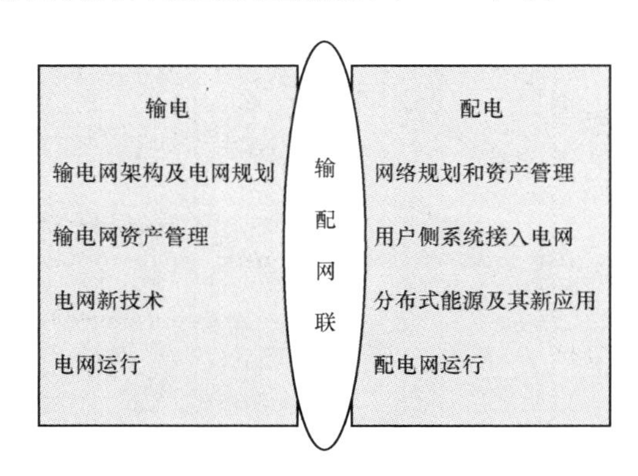

图1-5 重点研究领域

表1-3 输电领域的科技创新计划

类别	科技创新内容
电网架构	泛欧智能电网扩展远景
	未来泛欧电网的规划方法
	提高大众对电力设施的接受程度
电网技术	增加电网灵活性的新技术
	新网络架构示范
	大规模可再生能源并网接口研究
电网运行	提高泛欧智能电网可观性和可控性的工具和方法创新
	在线稳定裕度评估的工具和方法创新
	提高泛欧级、区域级电网协调能力的工具和方法创新
	泛欧智能电网可靠性评估的工具和方法创新
市场设计	提供增值服务、需求侧管理等相关的电力市场工具创新
	备用容量确定、阻塞治理等工具研发
	大规模可再生能源并网后，保证系统裕度和运行效率的市场机制和相关工具

续表

类别	科技创新内容
资产管理	确定和优化重要电力设备寿命的方法研究
	基于成本/效益定量分析，系统优化资产寿命的方法和工具研发
	资产管理新方法在欧盟范围的示范应用

表 1-4　　配电领域的科技创新计划

类　别	科技创新内容
智能用户集成	提高电网灵活性的需求响应
	通过智能住宅提升能源使用效率
分布式能源并网及其新应用	小型分布式能源接入中、低压配电网
	中型分布式能源接入高压配电网
	储能系统并网及其运行管理
	电动汽车基础设施
配电网运行	低压配电网监控
	中压配电网监控和自动化
	配电网管理工具
	智能电表数据管理
配电网规划和资产管理	配电网规划方法创新
	配电网资产管理
市场设计	市场设计分析方法创新

表 1-5　　输配电联合领域的科技创新计划

类　别	科技创新内容
输配电联合研究	提升配电网对输电网管理和控制的可观性
	配电网需求侧管理与输电网运行的融合
	利用配电网提供增值服务
	输、配电网安全防御和事故恢复
	欧盟范围成功示范项目的推广和复制方法

欧盟期望通过上述科技创新计划，在2022年实现如下主要目标：

（1）改进输配电公司的电网规划方法。

（2）改进输电层面运行过程的在线分析和协调控制能力。包括对系统运行的不确定性给出实时描述，对安全风险进行预测，正确评估系统的安全稳定裕度，并与各种防御和校正控制措施相结合，提高系统的安全防御水平。

（3）一系列电力系统新技术获得示范应用。包括：提高整个系统的效率，降低线路损耗；提高对灵活源的控制，提高电网接纳可再生能源的能力；减少电网对环境的不利影响；提高对现有电网设备的利用率。

（4）使各种可调负荷和分布式能源大规模聚集后，发挥灵活源作用，参与电网运行控制。

（5）改进中低压配电网的自动化水平和监控水平。

（6）充分理解物理电网和市场机制的耦合效果，改进市场机制。

（7）与市场机制相符合的需求响应的实施。

根据EEGI第一版路线图，欧盟在2008－2013年每年的投入资金为700万欧元，鉴于目前进度较慢，新版EEGI路线图认为欧盟要实现既定目标，需从2014年起将资金投入增加到每年1.7亿欧元。

1.3.2 政策颁布与措施实施

欧洲主要发达国家的智能电网激励政策主要体现在以下几个方面。

（一）大力推动可再生能源并网

2012年11月，英国政府公布了最新的《能源法案》，其主要内容是调整英国国内能源消费结构，发展低碳经济。英国政府将支持包括可再生能源、新的核能、燃气及碳捕捉和封存技术的多元化能源架构建设，以防止经济发展受困能源短缺瓶颈。

根据该法案，从2020年起，能源公司可通过电价手段提高消费者的“绿色能源”税，以补偿能源公司为发展可再生能源、核能和其他环保措施所付出的成本，不过高能耗企业使用可再生能源可以免除缴纳该税。据资料显示，能源公司对英国家庭和企业收取的能源费用将从目前的每年23.5亿英镑提高至2020年的近76亿英镑。

据英国政府估计，现在平均每户每年为天然气和电力支付1249英镑，其中为环保措施支付的成本为20英镑。新法案实施后，考虑通胀因素，到2020年可再生能源支出对每户来说将增加80英镑。这部分额外成本主要来自于英国政府对能源公司制定的一系列政策。例如，要求他们以高于市场的价格购买可再生电力，并且为家庭和企业回输到电网的可再生电力支付费用。

新法案预计，到2020年，英国能源结构中可再生能源所占比例将提高到30%。这远远超过了欧盟制定的20%的目标。英国政府也将为这一能源结构改革付出巨额投资，预计在未来10年内花费1100亿英镑。

这次能源结构调整改革旨在帮助清洁能源消费者减少用电费用。如果不进行能源结构转变，能源消费费用会因高昂的燃气价格而增加。政府将公布财政刺激政策，鼓励家庭和企业淘汰老设备，改用节能设备以降低电力需求，据估算到2030年，英国国内电力需求减少10%可每年节省40亿英镑。

英国政府制定的远期减排目标是到2050年（在1990年的基础上减排80%）。为达到这一目标，就必然要依靠包括可再生能源利用、低碳技术、能效管理等多种方式。更重要的是，依靠低碳经济这一支点，英国经济也将得以推动。

由于风力发电用与太阳能发电同样的成本投入可以生产出约为太阳能发电5倍的电力，德国在宣布弃核后将可再生能源发展的希望更多地寄托在风力发电上。德国总理默克尔希望能够在2050年将德国可再生能源的占比增长两倍多，这项计划被视为自第二次世界大战以来德国最大的能源改革方案。由于默克尔希望能够在2013年实现连任，因此这一计划的成本和范围势必将能源问题提上德国的政治议程。但是德国清洁能源产业至今仍是一个非市场化的、靠政府补贴生存的行业。政府补贴政策的扶持曾经使德国清洁能源产业风光无限。但受当前欧债危机影响，德国开始大幅调整补贴。未来德国政府还将在现有基础上继续削减对安装太阳能光伏装置和太阳能上网电价的补贴。德国的可再生能源发展面临诸多挑战。

2013年法国政府计划拨款30亿欧元支持清洁能源发展，这一政府拨款金额较2012年增加了30%，其中太阳能发电领域得到的资助将占到总金额的70%。同时，法国政府计划对使用太阳能发电的法国家庭每年征收3欧元/（MW·h）的所得税，以通过此举减轻政府财政负担。为完成将核电占法国能源比例的75%降至2025年50%的目标，法国未来计划在能源领域投入5900亿欧元，其中4200亿欧元投资将用于能源行业发展，1700亿欧元用于能效利用领域，以使法国能达成Grenelle全国能源大会所确定的节能环保目标。在超过4200亿欧元的能源投资中，2620亿欧元投入电力生产领域，主要用于核电站维护和升级换代；另外1800亿欧元将投向风能、太阳能和生物能源等可再生能源领域。

（二）继续推动电动汽车发展

德国政府乐观估计，到2020年，将有100万辆电动汽车在德国境内行驶。为实现这一目标，德国联邦政府拟在该领域投资10亿欧元进行研发。福特汽车和施耐德电气公司将携手参与研发，为汽车充电电池提供解决方案。而德国不仅在电动汽车研发方面保持领先，同时具有成为欧洲最大电动汽车市场的潜力。

法国政府宣布了一系列新措施，正式启动了旨在推动消费者购买和使用电动汽车、发展相关基础设施的“伊尔茨曼项目”。该项目的具体措施包括，将购买一辆电动汽车可享受7000欧元环保津贴的政策延长至2013年，同时把优惠对象扩大至企业和公共机构用车。此外，政府还宣布，将拨出5000万欧元专用款项，用于资助发展电动汽车充电设施，并简化申请这一专款的手续。为鼓励消费者购买和使用电动汽车，法国政府还将出台电动汽车停车及高速公路行驶优惠政策。

1.3.3 标准制定/升级与技术发展

在标准制定方面，欧盟委员会于2011年10月19日正式向欧盟议会、理事会等相关机构递交欧盟《2020智能电网技术发展及应用报告》，其优先目标和政策措施包括重新评估和完善促进智能电网技术应用的标准政策措施。欧盟的标准化工作表现出统一化和全球化两个特点：

（1）统一化。欧盟委员会要求各成员国达成统一的欧洲智能量测标准，制定欧盟层面的通用技术标准，保证不同系统的兼容性。

（2）全球化。2011年10月，美国商务部国家标准与技术研究院（NIST）和欧盟智能电网协调组（SG-CG）联合宣布将合作开展智能电网标准制定工作，着眼于相同的目标和共同关注的领域。

在技术发展方面，首先为提高输电网能效技术、可再生能源接入输电网技术、更大范围输电网联网技术（成员国电网之间电价有差别）、输电网优先可再生能源跨境交换技术以及加强海上风电场群集中并网模式研究，降低工程成本，提高电网对并网风电的控制能力等。2012年7月，欧盟有关圆桌会议进一步明确要求依靠智能电网技术将大西洋的海上风电、欧洲南部和北非的太阳能电融入欧洲电网，实现可再生能源的跳跃式发展。其次为新型电能储存技术，清洁煤炭技术和碳捕获及储存技术，城市、建筑、交通智能技术，电动汽车充电设施和燃料电池技术等。英国最大的电动汽车充电站发展商 Elektromotive 与“Charge your car”项目（英国北部）展开合作，计划建立英国最大的充电桩设施网络，逐步在全英各地建成 10000 个付费充电桩。再次为电力消费用户与输电网的双向连接技术，满足电力用户对输电网电力供需双向选择的需求，加强输电网对间接电力生产管理技术的研究，对电能储存用户进行补偿和奖励技术的开发。最后为物联网技术。近些年来，欧盟委员会一直致力于鼓励和促进欧盟内部物联网产业的发展，并将发展物联网作为智能城市建设的重要组成部分。

1.3.4 建设重点与进展

2012 年欧洲智能电网建设的最大成果体现在可再生能源上。根据欧洲可再生能源推广协会（EurObserver）2013 年 3 月发布的年度统计调查显示，2012 年欧盟风电装机总容量达到了 105.6GW。2012 年，在欧盟 27 个国家中，新增风电装机容量达 11.8GW，同比增长 12.3%。欧洲可再生能源推广协会公布的数据特别指出了海上风电的发展，近 4%的新增风电装机容量属于海上风电。截至 2012 年底，欧盟海上风电的装机容量已经达到了 4.7GW，而 2011 年底则只有 3.5GW。欧洲可再生能源推广协会强调，2012 年是欧盟风电发展形势美好的一年。然而与同样位于欧盟东部的波兰、罗马尼亚、奥地利等国家相比，法国、西班牙、葡萄牙风电产业的发展却不尽如人意。法国已经连续 3 年新增风电装机容量呈下滑趋势。虽然法国占据着发展风电的有力地理位置，然而，2012 年法国新增风电装机容量仅为 757MW，2011 年则为 928MW。不过，凭借着本土风电装机容量 7.4GW 以及海外风电装机容量 44MW，法国风电装机容量仍位居欧盟前五位。另外前四位为德国（31.3GW）、西班牙（22.5GW）、英国（8.3GW）、意大利（8.1GW）。

虽然欧盟非常重视“泛欧电网”和欧盟统一电力市场的建设，但是受多种因素影响，地区间电网的互联项目并不多见。爱尔兰与英国之间一条跨海输电线路于2012年9月建成，该输电线路价值6亿美元，是英国拟建立的与周边国家高压输电网络的一部分，输送的电能将满足英国30万户居民日常用电。输电线路从爱尔兰海海底穿过，将爱尔兰境内富裕的风电产出输往英国，以帮助英国实现其节能减排目标。

法国国家电力公司下属法国高压电网公司RTE和西班牙电力企业REE动工修建连接法国和西班牙的高压电网通道，以保障两国间的电力联结和供给。该电网通道全长8.5km，项目总投资约7亿欧元，项目预计在2014年底完工。

1.4 日本和韩国

日本尚未摆脱福岛第一核电站事故影响，将智能电网建设重点转向新能源发电以应对电力需求。日本计划在2030年全面普及智能电网，力图构建以新能源为主的智能电网，以降低对传统能源和外部能源的依赖程度。韩国将智能电网视为使民众受惠和增加出口机会的双重机遇。在朴槿惠新政府的支持下，智能电网仍将是政府刻意培育的产业。

1.4.1 战略调整与规划修编

为刺激可再生能源、智慧城市和智能电网发展，为相关行业带来商机，日本、韩国对智能电网各个环节原有的战略进行了调整或制定了新的战略目标。

（1）日本公布最新版的能源战略计划。

该计划于2003年起草，其后每3年根据民意调查和专家委员会的意见进行修订。2012年新版计划包括能源经济和发电设施的重建，并在计划中讨论了与美国在能源方面加强双边合作的内容。在能源经济方面，日本政府扩大了可再生能源上网电价补贴计划，并鼓励研发项目和区域能源经济的复苏。在发电方面，即使在福岛核事故的背景下，日本还是计划在2020前新建9座核电站和其他火力电厂，力图使其独立能源供应率达到70%。在国际贸易方面，该计划鼓励对核能发电、火力发电和新能源发电方式的社会成本进行比较。如果能坚持这一计划，日本将在2030年前实现可观的CO_2减排效果。

（2）日本经济产业省推出“蓄电池战略”。

2012年7月，日本经济产业省率先公布了《日本绿色增长战略》的核心构成部分《蓄电池战略》。根据预计，2020年全球蓄电池市场（20万亿日元）中，日本企业将占据50%的份额。该战略中还提出了在2020年前将钠硫（NaS）、镍氢等大型蓄电池的设置成本等同于扬水发电（每千瓦时2.3万日元）的目标。在汽车的蓄电池应用方面，日本政府希望在2020年将电动汽车的续航距离提升两倍，并将尽快建成普通充电器200万处、快速充电器5000处。为加大对燃料电池车的市场投入，日本政府将在下一年度的财政预算中提出2015年前建设100处氢供给设备的预算要求。同时，日本政府还计划将目前新车销售中仅占0.7%的插电式混合动力车与电动汽车等新一代环保汽车的比率提升至20%。

日本和韩国根据智能电网的战略路线图，在电网规划、电源规划以及电动汽车充换电基础设施等方面逐步推进，各项具体的实施规划陆续出台。

（1）日本再生能源基金会（JREC）提建“亚洲超级电网”规划。

JREC已同欧洲“沙漠太阳能”项目（DESERTEC）运营商——DESERTEC基金会就打造“亚洲超级电网”签署合作协议。按照设想，“亚洲超级电网”将以蒙古的可再生能源电力为基础，建设一个连接蒙古、日本、俄罗斯、中国和韩国的泛亚洲跨国电网，将蒙古的可再生能源电力通过超高压直流电缆输送到亚洲的用电大国。JREC提出的“亚洲超级电网”与欧洲的“沙漠太阳能项目”异曲同工，后者旨在大面积开发撒哈拉沙漠的太阳能，然后通过超高压电缆将产自非洲沙漠的电力输往欧洲。为证实该项目是否可行，JREF已开始着手启动一个大胆的实验项目——在直线距离超过250km的韩国釜山和日本九州之间建设一条输送功率为100万kW的高压输电线。与此同时，JREF早前还与蒙古国家可再生能源中心签署了一份合作协议，共同开发蒙古的可再生能源。

（2）日本计划2020年前在全国高速公路建100座充电站。

为了推动新一代节能环保汽车的普及应用，日本各大高速公路运营商计划到2020年在全国高速公路设置100座电动汽车（EV）充电站。日本高速道路计划到2016年底在首都圈和中部高速公路的31所服务中心设置急速充电站，向电动汽车利用者提供高效服务，预计每次使用费用约为100日元；东日本高速道路计划明年在连接东京和新泻县的关越高速公路设置EV充电站；西日本高速道路计划5年内在阪神高速公路设置充电服务中心。据日本民间调查公司统计，预计到2020年全日本EV使用量为27万辆，到2030年则达到190万辆。

（3）日本规划到2020年将海上风电能力增至40倍。

日本规划到2020年把海上风力发电能力提高至100万kW以上，计划把发电能力增至目前的40多倍。从2012年起，相关单位在椛岛附近海域安装了直径22m的风车，开展发电能力100kW的试运行。日本计划从2013年度在当地安装直径80m、发电能力达到2000kW的样机，力争投入实际运用。

（4）韩国在智能用电方面制定新规划。

韩国拟于2016完成为国内半数家庭安装节能智能电表的计划，

以帮助消费者更准确地了解用电情况，同时具有智能信息记录功能的智能电表还可为将来阶梯电价收费等政策的指导提供参照数据，为国家电力供应提供引导。到 2016 年，韩国政府还将为电动车的普及发展投建 15 万台电池充电设备，每天可以保证 17000 人次的能源供应。韩国目前正努力降低电力供应成本，以应对电力价格上涨。根据韩国 2009 年 11 月公布的路线图显示，到 2030 年韩国政府计划投资 24.8 万亿韩元（约合 22 亿美元）以发展电力供应。

1.4.2 政策颁布与措施实施

福岛核事故发生后，日本加快调整既有能源战略，向减少核电依存度方向发展，此前一度受到压制的可再生能源产业发展势头开始加速。根据日本政府的最新规划，到 2030 年，可再生能源发电量在发电总量中的比例将从目前的约 10%增加到 30%左右。为加快可再生能源普及，日本政府从政策层面加大引导和刺激力度。同时，为了改革当前电力制度，日本在发电侧也做了新的调整。

（1）日本实施自然能源发电收购制度。

从 2012 年 7 月 1 日起，日本开始实施中长期能源政策之一的《自然能源固定价格收购制度》，其主要内容涉及太阳能、风力、地热、中小型水力发电和处理废料产生的生物能源等 5 个领域。新制度规定，今后 10～20 年期间，电力公司有义务对上述 5 领域产生的电力按固定价格收购。收购价格根据发电的种类和发电站的规模而定，即通过不同发电所需平均费用产生的利润计算出来。该制度规定，太阳能发电的收购价格为 42 日元/（kW·h）；风力发电的收购价格为 23.1～57.75 日元/（kW·h）；地热发电的收购价格为 27.3～42 日元/（kW·h）。据日本经产省统计，42 日元/（kW·h）的太阳能发电收购价格将是全球最高水准（其次为加拿大安大略省，约为 35 日元）。

（2）日本拟在节能法修订版中增加用电高峰对策相关内容。

为了稳定能源供需关系，日本政府于2012年3月13日在内阁会议上通过了节能法修正案，增加了削减用电高峰时用电量等内容。修正案有两个要点，其一是用电高峰对策。1979年制定的节能法要求用电方向政府汇报能耗变化趋势（以年均1%为努力目标）和采取的节能措施。修正案采取了新的机制，即在以往的努力目标之外，充分利用蓄电池、BEMS（楼房能源管理系统）及用户自发电等方式减少最大用电量。另一个要点是，将隔热材料及家庭用水设备等定为“领跑者（Top Runner）制度”的对象。该制度要求对象产品的制造商及进口商3～10年内，赶上节能性能最优的产品（领跑者），政府将对这一目标的实现情况进行确认。

日本在新政推动下，太阳能、风能等可再生能源重新进入视野，受新政激励，日本可再生能源普及率大大提高，为日本制造业带来新的商机。2012年7月起，日本实行新的可再生能源“电力全量购入制度”，受新政鼓舞，以日本可再生能源领域“先锋”软银公司为首的非电力企业纷纷涉足可再生能源发电领域。软银公司已公布的可再生能源发电站建设项目在日本全国已达11处，包括在北海道兴建迄今日本规模最大的太阳能发电站。日本电信电话公司在3年内投入150亿日元，兴建约20个大型太阳能发电站。大阪煤气公司也会在3个地方建设总发电能力为3500kW的太阳能发电站。在2012年7月后开工兴建的1000kW级别以上的太阳能发电项目就超过110个，风力发电项目约20个。海外新能源企业也看好日本能源新政后的市场。美国爱迪生太阳能公司计划5年内投资3500亿日元，在日本兴建总发电能力1000MW的太阳能发电站。

1.4.3 标准制定/升级与技术发展

在智能电网技术标准方面，日本加紧对核安全标准的制定，同时紧抓电动汽车标准制定，争夺国际话语权。

(1) 日本出台新版核电站新标准。

2012 年 1 月，日本核安全监管机构发布了旨在保护核电设施抵御自然灾害和恐怖袭击的安全法规草案。在征求国民意见后于 7 月正式实施，此次出台的新安全措施具有强制性。草案指出，要对核电站进行新的设计，以应对地震、海啸等大规模自然灾害和飞机撞击等恐怖活动，同时设立拥有反应堆冷却设备、电源和第二控制室等的“特定安全设施”，一旦堆芯损坏就能有效遏制放射性物质大量泄漏。另外，要新设抗震的“紧急时刻对策所”，在发生事故时可作为现场指挥部使用。作为丧失所有电源时的对策，新标准要求安装最少可提供 24h 所需电力的电池，电池可通过电源车充电。方案还提出，即使没有来自外部的燃料和预备品援助，也要确保反应堆具备至少安全运行一周的能力。

(2) 日本争夺电动汽车充电国际标准“主导权”。

随着电动汽车的技术进步和市场普及率的提高，充电的国际标准化问题浮出水面。目前，全球出现了“日式标准”和“欧美式标准”。日式标准的充电器是双插头，分快速充电（4h 以内）和普通充电两种，日本已经在国内安装了 1500 个充电设施，今后将以每年 10%的速度增加，日本最大的汽车厂商如丰田、日产、三菱和东京电力公司等，均是日式标准的支持者。而欧美标准则采取多空插头，可以同时使用快速充电和普通充电方式，但区域内普及率不高，美国通用汽车和德国大众汽车是这一标准的支持者。为了抢占电动汽车充电的国际标准制高点，日本今后将加快电动汽车在国际市场上的销售，进而推广日式充电标准。

为协调供用电需求关系，日本、韩国等国家围绕智能用电进行技术突破，在智能电表、电动汽车产业等方面加大研发力度，推动用电市场用电环节的发展。

（1）日本研发出新一代长效锂电池。

日立 maxell 2013 年 3 月发布最新的电池断面实时观察技术，将锂电池（Lithiumion Battery）充放电状态可视化，并进一步借以研发出重量更轻、能源密度提升、寿命更长的锂离子电池。应用新技术制作的样品与现有相同电池容量的锂离子电池相比，可将每单位能源密度质量减轻 40%、每单位体积能源密度提升 1.6 倍，并延长电池寿命至少 10 年以上，5000 次充放电后还能维持 200Wh/L 的能源密度。

（2）韩国研发新电动汽车电池，续航能力大幅提升。

韩国汉阳大学能源工程学的研究小组于 2012 年 7 月开发出续航时间达到现有电动车电池 5 倍左右的新一代电动车高性能锂空气电池系统。新研发的电池价格低廉，质量较轻。一个单位的能源含量达锂离子电池的10～11倍，电动车电池包的性能则提高 4～5 倍。目前，电动车通常充电一次可行驶的最长距离是 160km 左右。该研究小组开发出的电动车电池充电一次能往返首尔至釜山（约 820km）。如果未来能开发出用于这种电动车的成熟电极，并防止空气中的水分和 CO_2 从两极进入的技术，5 年后这种电池就能实现商用化。

1.4.4 投资体系与建设重点

（一）可再生能源发电

随着《再生能源法案》的实施，日本国内掀起了可再生能源发电事业的新热潮。2012 年 7 月以后启动的发电功率超过 1000kW 的太阳能发电站项目数量约为 110 件、合计功率达到 130 万 kW，风电项目数量约为 20 件、合计功率为 75 万 kW，太阳能、风能发电站项目总建设费用将超过 6000 亿日元（不含土地费用），预计太阳能发电站 2014 年内、风能发电站 2016 年内将全部启动。从区域来看，适合风力发电的北海道、东北地区新增风力发电能力为 47 万 kW、占日本全国的 6 成以上，日照量丰富的九州地区新增太阳能发电能力为 20

万 kW。据日本经产省统计，2011 年的日本非家庭型太阳能发电合计功率为 80 万 kW、风能发电合计功率为 250 万 kW，《再生能源法案》实施后，日本的太阳能、风力发电能力将同比增 6 成以上，太阳能发电更是达到原来的 2.6 倍。

（二）电动汽车充换电设施

日本政府为出台紧急经济刺激计划，编制的 2012 年度补充预算案规模预计达 12 万亿日元（约合 8500 亿元人民币）左右，预算案中包括民间投资促进措施，主要目的包括为电动汽车（EV）等充电设施建设拨款 1000 亿日元资金。

为了推动新一代节能环保汽车的普及应用，日本各大高速公路运营商计划到 2020 年在全国高速公路设置 100 座电动汽车（EV）充电站。中日本高速道路计划到 2016 年底在首都圈和中部高速公路的 31 所服务中心设置急速充电站，向电动汽车利用者提供高效服务，预计每次使用费用约为 100 日元；东日本高速道路计划明年在连接东京和新泻县的关越高速公路设置 EV 充电站；西日本高速道路计划 5 年内在阪神高速公路设置充电服务中心。目前，日本国内约有 1000 座 EV 急速充电站，大多数设在官厅、汽车销售店和大型停车场。日本政府希望通过提供廉价土地、缩短审批时间等方式，鼓励民间企业参与电动汽车配套设施建设，全面推动环保汽车的普及应用。

1.5 跨国协作与行业联合

2012 年，智能电网领域的国际合作、联合投资、技术协同等活动日益活跃。国际能源署 IEA、世界银行、国际电工委员会、国际可再生能源机构等组织，先后公布了一批研究成果，提出了多项行动方案和具体措施。

1.5.1 战略合作与联合规划

（一）国际能源署和北欧能源研究机构联合开展北欧能源技术展望研究

2012年12月，国际能源署（IEA）和北欧能源研究机构公布了北欧能源技术发展展望的联合研究成果。该项研究表明，如果以2050年全球温度升高幅度限制在2℃为目标，北欧CO_2排放减少量应为70%（与1990年相比）。根据该研究，由于北欧具有可再生能源比例很高、能源结构合理、具有政策优势等特点，北欧能源系统实现“电力生产基本无碳排放”是可能的，但需付出很大的努力。

研究的主要结论如下：

（1）快速发展风电，到2050年风电占比应达到25%。为了满足风电接入需求，需要通过增加发电系统的调节能力，并通过电网互联、实施需求响应和应用储能技术等措施，进一步提高系统的灵活性。为此，需要将此期间的GDP总数的0.7%投入电力系统。

（2）所有工业部门均需为此做出贡献。能效技术和碳捕捉技术是最重要的技术手段。

（3）为了减少终端用能系统的碳排放，最重要的是要限制交通系统的碳排放。2010年交通系统碳排放为8000万t，到2050年需降低到1000万t。从现在到2030年，主要的措施是改进交通用燃料的性能，提高效率；从2030年到2050，主要通过发展电动汽车减少交通系统的碳排放。到2050年，每辆新购置的汽车的平均燃料消耗将降低到3L/（100km）[2010年为7L/（100km）]，2030年和2050年，插电式电动汽车和换电式电动汽车将分别占汽车销售总量的30%和90%。但是，即使到2050年，长途公路运输车、航空和船运仍将依靠高能量密度的液体燃料，仍会导致生物燃料消费的增加。

（4）建筑部门的碳排放2010年为4500万t，到2050年需降低到

1000万t以下。为此，需要对老旧建筑进行翻新改造，改善其能效。短期内，应通过政策鼓励采用节能型建筑材料，并鼓励采用集中供热和制冷。

（二）国际可再生能源机构提出2030年可再生能源路线图

2013年1月，国际可再生能源机构（IRENA）公布了实现2030年全球可再生能源份额翻番的发展路线图。路线图分析了实现可再生能源份额翻番所面临的挑战、可行性、评价指标等，并重点从能源系统转型、工业领域、交通领域和居民商业领域，分析了可采取的技术手段和潜力。根据目前的发展势头，国际可再生能源机构提出，要实现全球可再生能源份额达到30%的目标，各方需在可再生能源发电领域加大投资力度，扩大可再生能源和生物能源发电网络，在各方面充分利用可再生能源。

（三）国际能源署发布《2012年世界能源展望》

国际能源署（IEA）于2012年11月在英国伦敦发布报告《2012年世界能源展望》，重点分析了非常规能源对世界能源版图的影响。

水平压裂技术日臻成熟，不断推广应用，推动了页岩油气等非常规能源大规模开发。目前，美国、北美地区乃至整个西半球，正掀起一股非常规油气资源的开发热潮。报告预测，到2020年左右，美国将超过沙特阿拉伯成为世界最大的石油生产国，2030年前后北美地区有望成为石油净出口地区。届时，美国将极有可能实现能源自给。截至2011年底，美国20%的能源需求依赖进口。从全球能源供给看，伴随着美国页岩气、加拿大油砂和巴西深海石油的开采，一条新的能源轴线已在西半球悄然崛起，并可能在未来几十年改变全球能源分布版图。同时，一些国家核电供应能力的削减、风力发电和太阳能技术的广泛使用以及非常规天然气生产的全球化趋势有可能进一步重塑全球能源的未来图景。

1.5.2 联合投资与跨国交易

2012 年 6 月，世界银行集团宣布将提高资金额度，促进扩大能源利用和节能项目，增加对发展中国家可再生能源发电和能效项目的支持，以响应联合国提出的“人人享有可持续能源”倡议。

世界银行集团确定，每年将为这些项目提供约 80 亿美元的融资，并推动捐助国和私营部门提供类似数额的资金，使能源贷款增加到每年 160 亿美元。这些资金除继续给全球 60 个国家提供支持外，还将用于进一步扩大部分国家的供电、家用清洁燃料和改良炉灶的项目规模。主要开展以下行动计划：

（1）提供技术援助、政策指导和资金，有选择地帮助 5 个国家建立能源供给计划。

（2）扩大能源供给项目，开发离网照明市场，到 2020 年为 7000 万户低收入居民提供负担得起的照明。

（3）在非洲、南亚、东亚、中美洲等地支持清洁炉灶和居民燃料项目，推进清洁烹饪议程。

（4）加强对清洁能源投资项目，降低这些项目的风险。

（5）支持发展中国家开发地热发电。

（6）支持城市提高能效。

（7）帮助各国开展可再生能源资源绘图。

（8）支持小岛屿发展中国家投资清洁能源。

（9）扩大“减少全球天然气燃除”合作伙伴，捕捉和有效利用天然气。

1.5.3 技术协同与行业标准

（一）IET 与葡萄牙 EDP 配电公司签署智能电网合作协议

2012 年 9 月，IET 与葡萄牙 EDP 配电公司签署加强智能电网相关领域合作。双方希望通过合作，实现 EDP 公司智能电网设施与

IET智能电网相关研究成果相结合。此项合作是双方与欧洲协同能源领域，特别是智能电网领域先进研究力量和商业机构共同行动的一部分。2011年，IET与EDP开展了EDP Inovgrid智能电网联合研究，对智能电网和智能电表项目的成本效益评价框架进行验证。2012年3月，该研究提出的成本一效益分析方法被欧洲理事会EC采纳，推荐给各成员国用于智能电表应用项目上。

（二）国际电工委员会发布《大容量新能源并网及大容量储能接入电网》白皮书

2012年10月，国际电工委员会（IEC）正式发布了《大容量新能源并网及大容量储能接入电网》白皮书。白皮书由IEC市场战略局召集人、国家电网公司总经理舒印彪任项目负责人，来自中国、德国、瑞士、美国、日本、意大利等国家专家参与了该书编写。该书共分为7章：第一章为引言；第二章描述了世界范围内新能源发电发展的驱动力、现状、未来和接入电网的挑战；第三章从新能源发电技术本身、输电技术和电网运行技术与实践等3个方面描述了新能源发电接入电网的技术现状；第四章从提高新能源发电的电网友好性、提高传统电源的灵活性、扩大和加强输电网、提高电网运行水平和开发需求响应的应用潜力等5个方面，归纳总结了未来支持更多新能源接入电网的解决方案和技术需求，是全书的核心；第五章从时间和空间的角度，描述了大容量储能支持大容量新能源接入电网的作用及相关的技术需求；第六章描述了与新能源接入电网相关的标准现状和未来需求；第七章总结了全书并对相关的政策制定者和监管者、电力企业界和学术界以及IEC的技术委员会提出了行动建议。

（三）国际电工委员会成立TC120推进储能系统发展

电工技术标准制定机构IEC（国际电工委员会）于2012年10月

成立了新的技术委员会 TC120：储能系统，用于加快可再生能源的整合，实现更加可靠和高效的电能供应。

可再生能源在所有主要的电力市场的比例可能会增加，但可再生能源的大规模并网仍然是个难题。可再生能源的成功并网依赖于储能技术的发展。为满足全球不断增长的能源需求，小型和大型集中式和分散式储能系统必不可少。截至 2012 年底，还没有任何组织的标准化工作覆盖了整个储能系统。新的 IEC 储能系统技术委员会将负责相关国际标准的制定，解决一个系统中所有不同的储能系统技术的问题。TC120 将运用用例、开发架构和路线图，支撑低成本和高可靠性的储能系统建设，力争实现这些系统能够并入全球各地现有电网。该技术委员会还将着手解决安全性、环境适应性等方面的问题。这将有助于各国获得实用性技术，实现更多的可再生能源并网，促进智能电气发展。

1.6 小结

2012 年，美国智能电网的电源侧向多元化纵深发展，电网侧积极改造陈旧的基础设施并为逐步打破区域间电力规划壁垒创造条件，用户侧在市场工具的调节下继续鼓励用户多角度参与电力市场，并持续为培育以经济性为导向的多元化市场环境提供政策和投资指引。在延续 2011 年的整体思路的基础上，美国智能电网发展呈现如下几个主要特点：

（1）能源战略调整框架下重视可再生能源资源开发的多样性，同时兼顾积极推进电网基础设施建设。通过多种手段加强区域间电源/电网规划的统一协调和大范围资源优化配置的切实行动。显现出美国通过电力/电网建设辅助能源安全布局的态势。

（2）持续推动创新技术的研发和储备。以云计算技术和储能技术为代表，加强影响全局发展进程和未来投资格局的“基础性”、“通用性”技术的研究与示范应用。

（3）以实用性为准绳，通过持续优化市场激励机制鼓励用户灵活用电，并借此推动诸如电动汽车等相关行业的发展。

欧盟针对资源相对匮乏且分布不均等实际情况，极力推动欧洲电网的互联互供，以期实现资源的优化配置，保证欧盟经济的持续发展。为此欧盟在大力建设可再生能源发展的同时，注重泛欧电网的规划和研究、统一电力市场的建设、技术标准的一致等。欧盟对智能电网建设的推进是一贯和持续的，但是欧债危机对欧盟的影响仍然存在，2012 年欧盟智能电网的发展相对其他发达国家比较缓慢。

日韩同为东亚国家，其地理位置、能源禀赋、社会经济发展具有一定的相似性。由于两国的经济发达、本土能源资源匮乏且电网规模较小，电网基础设施的建设已非常先进，早在 20 世纪 90 年代，日本的供电可靠率已达到 99.999%，年平均停电时间缩短为几分钟。

应对气候、环境变化危机的全球化为日韩推行与电力相关的高科技技术带来了巨大国际商机。作为亚洲经济强国，日韩拥有发达的汽车工业、对可再生能源的迫切发展需求，以及发展智慧城市拉动消费和相关产业升级的强烈意愿。在电动汽车市场发展等有利因素的推动下，日韩加大对动力电池的研发力度，一系列实用技术取得重大突破，同时超前布局充换电服务网络，全面推动电动汽车的普及应用，带动汽车产业的发展。2011 年福岛核危机过后，日韩两国也对自己的能源进行了思考和调整，并将智能电网的发展和现代城市的建设融合起来，打造智能、节约和环保的生活方式。

结合以上分析，总结国外主要发达国家智能电网的发展特点如表 1-6 所示。

表 1-6 国外主要发达国家智能电网发展特点

国家（区域）	发展特点			
	电源侧	电网侧	用户侧	其他
美国	风能、太阳能、生物质能等新能源多样化发展	1. 推动基础设施的升级改造； 2. 重视变压器监测、配电自动化、广域感知、电压无功优化等先进技术	1. 通过政策、家庭用电显示终端协议等方式推动需求响应； 2. 持续推动安装智能电表安装； 3. 持续推动电动汽车基础设施建设	1. 更新电价机制； 2. 利用射频、载波等通信技术为智能配用电技术提供基础
欧洲	1. 海上风电； 2. 大规模可再生能源并网技术； 3. 分布式电源并网技术	1. 提高欧洲互联电网安全可靠性技术； 2. 增加电网灵活性相关技术研究； 3. 推动配电网监控和自动化； 4. 输配电网故障快速恢复	1. 电动汽车并网技术； 2. 推广智能电表的建设； 3. 智能电表数据安全及其管理	1. 泛欧电力系统规划； 2. 电网辅助服务和需求响应的市场工具； 3. 电网资产管理和设备寿命最大化； 4. 输配电网协调管理和管理
日韩	1. 大力发展可再生能源； 2. 可再生能源与城市建设相结合； 3. 提高核电厂安全标准		1. 智能电网增值服务； 2. 电动汽车和动力电池的研发	日本考虑成立统一电力调度机构等促进智能电网各环节协调发展

2

中国智能电网发展情况

2012 年 11 月召开的中国共产党第十八次全国代表大会提出，“推动能源生产和消费革命，控制能源消费总量，加强节能降耗，支持节能低碳产业和新能源、可再生能源发展，确保国家能源安全。”这不仅指明了我国能源发展的方向和重点，也为我国智能电网建设提出了新的、更高的要求。

2012 年，我国的智能电网进入了全面建设阶段，各级规划稳步实施，推广项目进展顺利，电网智能化水平稳步提高，在智能电表推广、电动汽车充换电站建设、用户信息采集系统增容和扩展、示范工程和试点项目效果发挥等方面高效推进。中国的智能电网建设对国家节能减排战略、经济结构与能源结构调整、相关产业升级转型等方面推动作用逐步显现。

本章主要从战略优化与规划部署、政策颁布与措施实施、标准制定与技术体系建设、关键技术与设备、试点项目与示范工程建设等方面分析介绍 2012 年中国智能电网发展进展情况，并对电动汽车及其充换电设施和电力光纤到户与智能小区两个专题领域进行了全面系统的介绍。

2.1 战略优化与规划部署

2.1.1 智能电网产业规划

2012 年，我国关于智能电网规划和战略研究的成果显著，国家层面不断加强对智能电网发展的指导和统筹规划工作。主要包括：

（1）2013年3月11日，科技部和国家发展改革委印发《“十二五”国家重大创新基地建设规划》，将智能电网与特高压入围国家重大创新基地建设。

国家重大创新基地是指以实现国家战略目标为宗旨，以促进创新链各个环节紧密衔接、实现重大创新、加速成果转化与扩散为目标，设施先进、人才优秀、运转高效、具有国际一流水平的新型创新组织。

“十二五”期间，结合国民经济发展重大需求和现有创新载体的发展基础，选择具备优势创新条件和基础的领域，试点建设15～20个国家重大创新基地。通过国家重大创新基地建设，加强创新载体间的协同与集成，促进各类创新载体向全社会开放服务，大幅提升成果快速转化扩散能力；集成各类创新载体的优势资源，提高对国家重大需求的保障能力。同时，通过国家重大创新基地建设，有效解决现有创新载体存在的系统封闭、资源分散等问题。

到2020年，在试点建设工作取得经验的基础上，围绕国家中长期科技发展规划纲要确定的重点领域和优先主题开展布局，建成一批国家重大创新基地。通过10年左右的持续建设，围绕国家战略需求，面向经济社会发展主要领域，初步形成国家层面的国家重大创新基地布局，引导现有创新载体围绕创新链合理建设、明确定位、有序发展；建立规范、完善的管理制度，探索形成灵活、高效的治理结构、管理模式和运行机制。

建设面向重点工程的国家重大创新基地。面向国家战略目标，围绕国家重点工程和国家安全需求，推动军民融合，在交通、水利、电力、空天、深海等领域，结合国家重点工程的组织实施，充分发挥现有实施主体的作用，加强产学研联合，集成基础研究、技术开发与工程化、产业化等创新链上的各类创新载体，部署建设若干国家重大创新基地。面向重点工程的国家重大创新基地主要开展重大战略产品与工程开发，推动创新成果在技术开发与工程化阶段迅速扩散，促进重大创新成果的工程化示范应用，以保障国家重点工程顺利实施，填补国家战略空白，提升我国国际竞争力。根据现有基础，“十二五”期间，将在高速列车、智能电网与特高压、深海工程等领域启动国家重大创新基地建设试点工作。

（2）2012年5月，科技部发布《智能电网重大科技产业化工程“十二五”专项规划》，明确提出了“十二五”期间智能电网科技发展思路与原则，确立了总体发展目标，部署了九项重点任务。

该规划是智能电网正式纳入国家“十二五”规划纲要以来，国家部委层面发布的首个关于智能电网的相关规划，对明确智能电网发展思路具有重要价值及指导意义。

发展目标上，专项规划提出，突破大规模间歇式新能源电源并网与储能、智能配用电、大电网智能调度与控制、智能装备等智能电网核心关键技术，形成具有自主知识产权的智能电网技术体系和标准体系，建立较为完善的智能电网产业链，基本建成信息化、自动化、互动化为特征的智能电网，推动我国电网从传统电网向高效、经济、清洁、互动的现代电网升级和跨越。建成20～30项智能电网技术专项示范工程、50个智能电网示范区等。

同时，专项规划提出9项重点任务：大规模间歇式新能源并网技术；支撑电动汽车发展的电网技术；大规模储能系统；智能配用电技术；大电网智能运行与控制；智能输变电技术与装备；电网信息与通信技术；柔性输变电技术与装备；智能电网集成综合示范等。

（3）促进智慧城市和智能电网的协调发展。

国家发展改革委、科技部、工信部、住房和城乡建设部等加大了对“智慧城市”发展的支持力度，相关政策密集出台。

智慧城市是通过综合运用现代科学技术、整合信息资源、统筹业务应用系统，加强城市规划、建设和管理的新模式。智慧城市与智能电网发展理念高度契合。智能电网作为城市智能化发展的客观需要，是智慧城市的重要基础，也是智慧城市建设的一项重要内容。智能电网与智慧城市紧密结合，延伸至城市生活的方方面面，将成为市政建设和公用事业发展的重要核心平台，为智慧城市各个系统输送充足能量和海量信息。智慧城市的正常运转离不开智能电网，智能电网是智慧城市的核心。

2012 年 6 月，国务院印发了《关于大力推进信息化发展和切实保障信息安全的若干意见》，提出要加快实施智能电网、智能交通等试点示范，引导智慧城市健康发展。科技部选定武汉、深圳作为智慧城市 863 计划项目的试点城市。工信部在 2011 年 7 月和 2012 年 7 月分别批复常州、扬州为智慧城市的试点城市。住房和城乡建设部在 2012 年 11 月，印发了《国家智慧城市试点暂行管理办法》，并公布了 90 个国家智慧城市试点名单，其中，地级市 37 个，区（县）50 个，镇 3 个。国家发展改革委目前正在制定《关于促进我国智慧城市健康有序发展的指导意见》，已完成征求意见稿，拟于近期出台。

2.1.2 相关产业规划

与智能电网发展息息相关，围绕节能减排、产业结构调整、能源发展和科技创新等发展重大问题，我国政府制定出台了一系列产业规划：

（一）《节能减排“十二五”规划》（国发〔2012〕40 号）

该规划由国务院于 2012 年 8 月 6 日印发。规划分析了我国节能减排的形势和面临的主要问题，提出了“十二五”期间该项工作的主要目标、主要任务、重点工程和保障措施等。目标方面，规划提出，“十二五”期间实现节能 6.7 亿 t 标准煤；到 2015 年，单位工业增加值（规模以上）能耗比2010年下降21%左右；变压器等新增主要耗能设备能效指标达到国内或国际先进水平，空调、电冰箱、洗衣机等国产家用电器能效指标达到国际领先水平。电网综合线损率从2010年的6.53%下降到2015年的6.3%；电力变压器空负荷损耗下降10%～13%，负荷损耗下降17%～19%。主要任务方面，提出调整能源消费结构，加快风能、太阳能、地热能、生物质能、煤层气等清洁能源商业化利用，加快分布式能源发展，提高电网对非化石能源和清洁能源发电的接纳能力，到2015年，非化石能源消费总量占一次能源消费比重达到11.4%；推动能效水平提高，发展热电联产，加快智能电网建设。加快现役机组和电网技术改造，降低厂用电率和输配电线损。重点工程方面，提出加强电机系统节能，2015年电机系统运行效率比2010年提高2～3个百分点，“十二五”时期形成800亿kW·h的节电能力。

（二）《工业转型升级规划（2011—2015年）》（国发〔2011〕47号）

该规划由国务院于2011年12月30日印发。规划提出，积极培育发展智能制造、新能源汽车、海洋工程装备等高端装备制造业，促进装备制造业由大变强。在节能和新能源汽车方面，坚持节能汽车与新能源汽车并举，进一步提高传统能源汽车节能环保和安全水平，加快纯电动汽车、插电式混合动力汽车等新能源汽车发展。在能源装备方面，大力发展特高压等大容量、高效率先进输变电技术装备，推动智能电网关键设备的研制，突破大规模储能技术瓶颈，推动生物质能源装备和智能电网设备研发及产业化。在通信设备及终端产业方面，规划提出，发展传感网络关键传输设备及系统，统筹部署下一代互联网、三网融合、物联网等关键技术的研发和产业化，培育自主可控的物联网感知产业和应用服务业；加强设备制造业与电信运营业的互动，推进产品和服务的融合创新。在物联网研发、产业化和应用示范方面，着力突破物联网的关键核心技术，加快构建物联网标准化体系，统筹重点领域的物联网先导应用，推进物联网在先进制造、现代物流、智慧城市以及在交通、水利、电网等基础设施中的应用。

（三）《“十二五”国家战略性新兴产业发展规划》（国发〔2012〕28号）

该规划由国务院于2012年7月9日印发。规划提出了到2015年和2020年，节能环保、新一代信息技术、生物、高端装备制造、新能源、新材料、新能源汽车产业的发展目标、方向和主要任务。新一代信息技术产业方面，实施宽带中国工程，加快构建下一代国家信息基础设施，统筹宽带接入、新一代移动通信、下一代互联网、数字电视网络建设；加快新一代信息网络技术开发和自主标准的推广应用，支持适应物联网、云计算和下一代网络架构的信息产品的研制和应用，带动新型网络设备、智能终端产业和新兴信息服务及其商业模式的创新发展；发展宽带无线城市、家庭信息网络，加快信息基础设施向农村和偏远地区延伸覆盖，普及信息应用；强化网络信息安全和应急通信能力建设。新能源产业方面，加快发展技术成熟、市场竞争力强的核电、风电、太阳能光伏和热利用、页岩气、生物质发电、地热和地温能、沼气等新能源，积极推进技术基本成熟、开发潜力大的新型太阳能光伏和热发电、生物质气化、生物燃料、海洋能等可再生能源技术的产业化，实施新能源集成利用示范重大工程。到2015年，新能源占能源消费总量的比例提高到4.5%，减少CO_2年排放量4亿t以上。

（四）《节能与新能源汽车产业发展规划（2012—2020年）》（国发〔2012〕22号）

该规划由国务院于2012年6月28日印发。规划提出的技术路线是：以纯电驱动为新能源汽车发展和汽车工业转型的主要战略取向，当前重点推进纯电动汽车和插电式混合动力汽车产业化，推广普及非插电式混合动力汽车、节能内燃机汽车，提升我国汽车产业整体技术水平。产业化主要目标是：到2015年，纯电动汽车和插电式混合动力汽车累计产销量力争达到50万辆；到2020年，纯电动汽车和插电式混合动力汽车生产能力达200万辆、累计产销量超过500万辆，燃料电池汽车、车用氢能源产业与国际同步发展。在充电设施建设上，规划提出，将充电设施纳入城市综合交通运输体系规划和城市建设相关行业规划，科学确定建设规模和选址分布，适度超前建设，积极试行个人和公共停车位分散慢充等充电技术模式，因地制宜建设慢速充电桩、公共快速充换电等设施。规划还分析了技术创新、产业布局、试点示范和电池管理等方面的重点工作。

（五）《能源发展“十二五”规划》（国发〔2013〕2号）

该规划由国务院于2013年1月3日印发。规划提出了“十二五”期间我国能源发展目标和主要任务。2015年能源发展主要目标是：实施能源消费强度和消费总量双控制，能源消费总量40亿t标准煤，用电量6.15万亿kW·h，能源综合效率提高到38%等。一次能源供应能力43亿t标准煤，其中国内生产能力36.6亿t标准煤，石油对外依存度控制在61%以内。非化石能源消费比重提高到11.4%，非化石能源发电装机比重达到30%。加快建设山西、鄂尔多斯盆地、内蒙古东部地区、西南地区、新疆五大国家综合能源基地，到2015年，五大基地一次能源生产能力占全国70%以上，向外输出占全国跨省区输送量的90%。保护生态环境，单位国内生产总值CO_2排放比2010年下降17%，每千瓦时煤电SO_2排放下降到1.5g，氮氧化物排放下降到1.5g，能源开发利用产生的细颗粒物（PM2.5）排放强度下降30%以上等。规划提出的主要任务包括：加快发展风电等可再生能源，到2015年，风能发电装机规模达到1亿kW；太阳能发电装机规模达到2100万kW等。大力发展分布式能源，重点在能源负荷中心，加快建设天然气分布式能源系统；大力发展分布式可再生能源，大力推进屋顶光伏等分布式可再生能源技术应用等。推进智能电网建设，着力增强电网对新能源发电、分布式能源、电动汽车等能源利用方式的承载和适应能力，实现电力系统与用户互动，提高电力系统安全水平和综合效率，带动相关产业发展；加快推广应用智能电网技术和设备，提升电网信息化、自动化、互动化水平，提高可再生能源、分布式能源并网输送能力；积极推进微电网、智能用电小区、智能楼宇建设和智能电表应用等。建设新能源汽车供能设施，在北京、上海、重庆等新能源汽车示范推广城市，配套建设充电桩、充（换）电站等服务网点，到2015年形成50万辆电动汽车充电基础设施体系。强化战略通道和骨干网络建设，坚持输煤输电并举，逐步提高输电比重。结合大型能源基地建设，采用特高压等大容量、高效率、远距离先进输电技术，稳步推进西南能源基地向华东、华中地区和广东省输电通道，鄂尔多斯盆地、山西、锡林郭勒盟能源基地向华北、华中、华东地区输电通道。加快实施城乡配电网建设和改造工程，推进配电智能化改造，全面提高综合供电能力和可靠性。到2015年，建成330kV及以上输电线路20万km，跨省区输电容量达到2亿kW。控制能源消费总量上，规划提出培育发展战略性新兴产业，推广节能和新能源交通工具，鼓励发展智能电网和分布式能源，推进节能发电调度等任务。

（六）《可再生能源发展“十二五”规划》

该规划由国家能源局于2012年8月发布。发展目标方面，规划提出，到2015年，可再生能源年利用量达到4.78亿t标准煤，其中商品化可再生能源利用量达4亿t标准煤，在能源消费比重达到9.5%以上。水电装机容量达到2.9亿kW，其中抽水蓄能电站3000

万 kW；累计并网风电 1 亿 kW，其中海上风电 500 万 kW；太阳能发电达到 2100 万 kW 等。主要任务方面，重点解决好风电接入电网和并网运行消纳问题，通过开展电力需求侧响应管理，完善电力运行技术体系和运行方式，改进风电与火电协调运行，扩大风电本地消纳量；太阳能发电发展主要方式是就近接入、当地消纳，要发展分布式太阳能发电，发展智能电网技术，为分布式太阳能发电提供支撑等；组织 100 个新能源示范城市、200 个绿色能源县和 300 个新能源微电网示范工程建设。

（七）风电发展、太阳能发电“十二五”规划

这两项规划均由国家能源局于 2012 年 9 月发布。在 2015 年发展目标上，风电发展规划提出，投运风电装机容量达到 1 亿 kW，年发电量 1900 亿 kW·h；“八大风电基地”累计装机容量达到 7900 万 kW，海上风电装机容量达到 500 万 kW。太阳能发电规划提出，建设 1000 万 kW 光伏电站、100 万 kW 光热电站和 1000 万 kW 分布式光伏发电系统。在重点任务方面，风电规划提出，在开发布局上，有序推进大型风电基地建设、加快内陆资源丰富区风能资源开发、积极开拓海上风电开发建设、鼓励分散风电发展；在配套电网建设与系统优化上，加速配套电网建设扩大风电消纳范围，优化电源结构、提高系统调峰能力，加强电力需求侧管理，建立风电功率预测预报体系，促进风电与电网协调运行等手段。太阳能发电规划提出，有序推进太阳能电站建设、大力推广分布式太阳能光伏发电、建设新能源微电网示范工程等重点任务。

国家电网公司在国家能源与电力宏观政策的指引下，积极开展智能电网领域的规划制定和修编工作。2012 年，组织完成了国家电网公司“十二五”科技规划，修编了电网智能化规划。编制了智能电网全面建设行动计划，形成《智能电网全面建设行动计划总报告》和

16个专项分报告，提出了智能电网全面建设的基本原则、工作思路和重点工作。完成《智能电网技术标准体系规划》和《智能电网关键设备（系统）研制规划》的滚动修编工作，更好地支撑智能电网建设。组织完成新一轮智能电网战略研究，形成《坚强智能电网战略研究总报告》、7个专题报告和5个分报告的系列成果，阐明了智能电网对节能减排、技术创新、产业发展、资源配置的促进作用，提出了智能电网国际化发展战略和对外传播方法，丰富和深化了智能电网战略理论体系。组织26个省公司开展智能电网与地方经济社会发展战略研究工作，加强与地方政府的沟通交流，取得了政府的广泛支持，建设智能电网被写入上海、安徽、河南、重庆等省市的“十二五”发展规划纲要。

为了促进智能电网与智慧城市的协调发展，充分发挥智能电网的支撑作用，国家电网公司组织编制了《智能电网支撑智慧城市发展研究报告》，起草了《智能电网支撑智慧城市发展指导意见》。指导意见中明确了今后工作的指导思想和发展目标，提出了智能电网支撑智慧城市发展的特征定位和典型项目配置。指导意见将智能电网支撑智慧城市项目细化分解为支撑城市发展绿色宜居、支撑能源供给安全可靠、支撑信息资源充分利用、支撑产业经济转型升级、支撑公共服务便捷友好五类项目，并对每类项目的典型特征、功能定位和配置方案进行了表述。

南方电网公司也高度重视智能电网的战略部署和规划研究，提出了打造智能、高效、可靠的绿色电网总体目标，明确了“需求引导、整体规划、有序推进、重点突破”的规划原则，采取“两步走”的发展战略：第一阶段（2010—2013）着重规划、研究与示范，第二阶段（2012—）进行示范、推广与完善。在南方电网公司2012年4月发布的南方电网公司“十二五”科技发展规划中，确立了输变电网智能化关键技术、智能配用电关键技术及电网智能化通信支撑技术3个关键科研领域（占全部领域的50%），共19个技术方向（占全部技术方向的45%），在发电、输电、配电、用电4个电力服务主要领域和信息通信支撑领域开展关键技术研究、技术标准体系建立和试点示范工程建设。

2.2 智能电网相关政策与法规

2012年，我国智能电网发展政策环境不断完善，措施手段日益丰富，一系列有助于智能电网健康发展的政策和法规相继颁布：

（一）《绿色建筑行动方案》

方案由国家发展改革委及住房和城乡建设部编制，国务院办公厅于2013年1月1日转发。方案提出，到2015年，完成新建绿色建筑10亿m^2，20%的城镇新建建筑达到绿色建筑标准；既有建筑节能改造提出具体节能改造目标。在重点任务中，方案提出推进可再生能源建筑规模化应用，研究完善建筑光伏发电上网政策，加快微电网技术研发和工程示范，稳步推进太阳能光伏在建筑上的应用等。

（二）《国务院关于大力推进信息化发展和切实保障信息安全的若干意见》

该意见由国务院于2012年6月28日下发，提出了明显提高重点领域信息化水平，信息化和工业化融合不断深入的工作任务，并确立了一系列发展目标：到“十二五”末，国家电子政务网络基本建成，信息共享和业务协同框架基本建立，全国电子商务交易额超过18万亿元；初步建成下一代信息基础设施，到“十二五”末，全国固定宽带接入用户超过2.5亿户；信息产业转型升级取得突破，集成电路、系统软件、关键元器件等领域取得一批重大创新成果，软件业占信息产业收入比重进一步提高；国家信息安全保障体系基本形成。重要信息系统和基础信息网络安全防护能力明显增强，信息化装备的安全可控水平明显提高，信息安全等级保护等基础性工作明显加强。

该意见中确定的重点任务包括：实施“宽带中国”工程，以光纤宽带和宽带无线移动通信为重点，加快信息网络宽带化升级；大力推进三网融合，推动广电、电信业务双向进入，加强资源开发、信息技术和业务创新，大力发展融合型业务；加强统筹规划，积极有序促进物联网、云计算的研发和应用；加快推进交通、旅游、休闲娱乐等服务业信息化，大力发展信息系统集成、互联网增值业务和信息安全服务；确保重要信息系统和基础信息网络安全，能源、交通、金融等领域要同步规划、同步建设、同步运行安全防护设施，强化技术防范，严格安全管理。保障工业控制系统安全，加强核设施、电力系统、交通运输等重要领域工业控制系统，以及物联网应用、数字城市建设中的安全防护和管理，定期开展安全检查和风险评估；强化信息资源和个人信息保护。

（三）《国务院关于推进物联网有序健康发展的指导意见》

该指导意见由国务院于 2013 年 2 月 5 日发布。意见提出的总目标是，实现物联网在经济社会各领域的广泛应用，掌握物联网关键核心技术，基本形成安全可控、具有国际竞争力的物联网产业体系，成为推动经济社会智能化和可持续发展的重要力量；近期目标是，到 2015 年，实现物联网在经济社会重要领域的规模示范应用，突破一批核心技术，初步形成物联网产业体系，安全保障能力明显提高。主要任务包括，加快传感器网络、智能终端、大数据处理、智能分析、服务集成等关键技术研发；对工业、农业、节能环保、安全生产等重要领域和交通、能源、水利等重要基础设施，推动物联网技术集成应用等。

（四）《战略性新兴产业发展专项资金管理暂行办法》

该办法由财政部和国家发展改革委于2012年12月31日联合发布。办法规定了专项资金的使用和安排坚持的原则是市场主导，政府推动；集中资金，扶持重点；区别对象，创新方式。支持的主要范围包括：支持具备原始创新、集成创新或消化吸收再创新属性、且处于初创期、早中期的创新型企业发展，支持行业骨干企业整合产业链创新资源，选择技术路径清晰、产业发展方向明确、相关配套不完整或市场需求不足的产业或技术，推动创新要素向区域特色产业集聚等。资金支持采取拨款补助、参股创业投资基金等方式。

（五）《关于申报分布式光伏发电规模化应用示范区的通知》

该通知由国家能源局于2012年9月发布。针对分布式光伏发电在广大城镇和农村各种建筑物和公共设施上的推广应用，特别是用电价格较高的中东部地区，分布式光伏发电已具备较好的经济性和较大规模应用条件等情况，要求各省（自治区、直辖市）结合各自情况，提出分布式光伏发电规模化示范区实施方案。对示范区建设提出如下要求：示范区项目具备长期、稳定的用电负荷需求和安装条件，所发电量主要满足自发自用；鼓励采取先进技术并创新管理模式，特别是采用智能微电网技术高比例接入和运行光伏发电；国家对示范区光伏发电项目实行单位电量定额补贴政策；电网企业要配合落实示范区分布式光伏发电项目接入方案并提供相关服务等。

2.3 标准制定

完善的标准体系可为智能电网的建设提供系统的解决方案和指导规范，为推动智能电网发展，2012年我国政府、行业协会、国家电网公司、南方电网公司都积极参与智能电网相关标准的制定。

2.3.1 国家和行业标准

我国政府高度重视智能电网标准化工作，2010 年国家能源局和国家标准化管理委员会成立了国家智能电网标准化总体工作推进组（简称总体推进组），负责国家智能电网标准化工作的战略规划，指导国家标准和行业标准制修订，推动国家智能电网标准体系建设。总体推进组下设 3 个专业组，分别为智能电网标准化组、智能电网设备标准化组和智能电网标准化国际合作组。目前，总体推进组正在组织起草制定《智能电网技术标准体系》。

2011 年，中国电力企业联合会标准化中心组织修订了 2005 年版的《电力标准体系表》，将风电领域作为单独分支，增加了电动汽车充电设施等专业。统一了风电并网的标准，颁布了国家标准《风电场接入电力系统技术规定》和能源行业标准《大型风电场并网设计规范》，持续推进风电并网检测、风电运行等制约风电发展的标准的制定工作。

2012 年，电力标准化工作紧紧围绕电力发展需求，持续完善智能电网相关专业领域的标准化，围绕新能源发电、智能输变电、电动汽车充电设施等不断加快标准的制修订步伐。

（一）发电领域

发电领域重点推动新能源标准，加大光伏发电重要标准的编制，《光伏发电站设计规范》、《光伏发电站施工规范》、《光伏发电工程验收规范》等标准相续编制完成。

（二）输变电领域

继续完善特高压交直流输电的技术标准体系。据中国电力企业联合会统计，截至 2012 年 12 月 19 日，已经形成了包含 77 项标准的特高压交流标准体系、包含 123 项标准的特高压直流标准体系。在智能变电标准化方面，国家标准《智能变电站技术导则》完成送审稿审查。

（三）电动汽车充电设施

电动汽车充电设施标准相继出台，据中国电力企业联合会统计，截至 2012 年 12 月 25 日，已先后发布了充电接口及通信协议标准、充电设备、计量等标准。完成了包括术语、电能质量、充换电站建设等 14 项标准的报批，初步搭建起充换电设施标准体系。

2.3.2 国家电网公司智能电网领域相关标准

2012 年，国家电网公司紧紧围绕智能电网发展需求，在电力标准领域的标准化工作取得新进展，主导地位进一步巩固，在特高压领域的国际引领地位进一步加强。国家电网公司组织完成技术标准战略研究，强化技术标准顶层设计，初步形成了支撑“三集五大”体系建设的技术标准分支体系。技术标准管理平台得到全面应用，标准的信息化管理水平进一步提高。2012 年全年累计完成 209 项企标和 148 项国标、行标的制修订工作，创国家电网公司成立以来最好水平。围绕 8 个专业分支、92 个标准系列开展标准制定工作，已发布智能电网企业标准 220 项，编制行业标准 75 项、国家标准 26 项、国际标准 7 项。

（一）智能用电领域重点推动智能家居标准

为了统一和规范智能家居设备设计、制造、使用和检验的相关技术要求，国家电网公司在 2012 年相继出台了智能家居系列标准，该标准系列包含《智能插座技术规范》、《居民智能家庭网关技术规范》、《居民智能交互终端技术规范》、《智能插座检验技术规范》、《居民智能家庭网关检验技术规范》、《居民智能交互终端检验技术规范》、《智能家居家庭用电设备与电网连接间的信息交互接口规范》、《智能家居通信接口技术规范》等。为统一和规范大用户智能交互设备的设计、制造、实用和检验的相关技术要求，国家电网公司组织编写了《大用户智能交互终端技术规范》。

（二）智能设备标准相继推出

2012 年，国家电网公司重点推动相关设备标准制定，发布了《智能高压设备通信技术规范》和《智能高压设备技术导则》。这两项标准构建了智能高压设备的基本技术框架。为加强智能设备交接验收管理，控制智能设备安装调试质量，确保智能设备安全运行，提高供电可靠性，2012 年，国家电网公司出台了《智能设备交接验收规范》，该规范分为 4 个部分，分别为一次设备状态监测、电子式互感器、变电站智能巡视、站用交直流一体化电源。

2012 年，国家电网公司相继出台了《智能变电站网络报文记录及分析装置技术条件》、《智能变电站信息模型及通信接口技术规范》。审查通过了《智能变电站继电保护检验测试规范》、《基于 DL/T 860 标准的继电保护和安全自动装置设备检验规范》、《智能变电站继电保护运行管理导则》、《IEC 61850 工程继电保护应用模型》、《智能变电站继电保护通用技术条件》5 项标准，该系列标准对智能变电站继电保护、合并单元及智能终端等相关设备的技术要求、信息交换、检验测试方法做出规定，提出了智能变电站继电保护调度运行、现场运行及维护管理的指导性原则，为提升智能变电站继电保护整体性能、建设智能电网奠定重要基础。

2.3.3 南方电网公司智能电网领域相关标准

南方电网公司在 2012 年也开展了智能电网领域的企业标准编制工作，专注于提高电网一体化运行水平，解决二次系统种类繁杂、运行信息割裂、缺乏统一的建设和运行标准等问题，提出了建设一体化电网运行智能系统的总体解决方案，其中与智能电网建设和运行直接相关的是《南方电网一体化电网运行智能系统技术规范》（简称南网智能规范）。

南网智能规范是南方电网公司基于其2011年在相同领域颁布的试点指导技术规范的体系基础上补充完善的，是由8部分共72篇组成的系列企业标准。内容包括一体化智能系统的主体、主站和厂站架构和原则，对数据源、数据架构和数据交换的要求，对系统平台和OSB总线的相关要求，对主站端系统各模块、厂站端系统各模块和装置的功能要求，对系统主站和厂站配置和接线，以及验收技术管理做出了标准化的描述。

2.3.4 国际标准化工作

随着我国电力工业的发展，中国在国际电力与能源领域的重要地位日益显现，话语权不断提升。

据中国电力企业联合会统计，截至2012年12月25日，中国在高压直流输电、智能调度、电动汽车充电设施、智能用户接口等领域已提出11项国际标准并获得批准，正在编制过程中。

国家电网公司积极参与IEC、IEEE等国际组织和机构的智能电网标准工作，取得突破性进展。国家电网公司提出的多项建议被IEC《智能电网技术路线图（1.0版）》采用，正在参与路线图2.0版的修订工作。高压直流系统设计导则、电网通用模型描述规范、电力系统图形描述规范等3项标准获国际电工委员会立项。由国家电网公司发起的《储能系统接入电网设备测试标准》、《1000kV及以上特高压交流系统过电压与绝缘配合》、《1000kV及以上特高压交流设备现场试验标准及系统调试规程》、《1000kV及以上特高压交流系统电压与无功标准》在IEEE成功立项。

2.4 关键技术与设备

我国积极推动智能电网技术和设备的研发，制定了关键技术框架，并在多项关键技术领域取得了可喜进展，自主研发的设备填补了国际空白。

2.4.1 我国智能电网领域的关键技术框架

2012年3月，我国科技部正式发布了《智能电网重大科技产业化工程“十二五”专项规划》（简称《规划》），明确提出了“十二五”期间电网科技发展思路与原则，部署了9项重点任务：大规模间歇式新能源并网技术；支撑电动汽车发展的电网技术；大规模储能系统；智能配用电技术；大电网智能运行与控制；智能输变电技术与装备；电网信息与通信技术；柔性输变电技术与装备；智能电网集成综合示范。《规划》对智能电网技术的发展具有重要的指导意义。

（一）将特高压作为我国智能电网的重要组成部分

《规划》着重强调了《国民经济和社会发展“十二五”规划纲要》中提出的“完善区域主干电网，发展特高压等大容量、高效率、远距离先进输电技术”。在分析我国能源战略需求时，提出需要通过智能电网的“远距离、大容量输电”来优化资源配置能力和实现清洁能源跨越式发展，对特高压是智能电网重要组成部分的战略思路给予了充分肯定。

（二）突出信息通信技术的支撑作用

《规划》特别重视信息通信技术对智能电网的支撑作用，重点开展从信息采集、传输、处理到展现全过程的相关技术以及信息安全技术的研究。提出发展无线传输、PLC（电力线载波）以及特种光缆技术，实现信息的便捷、高效、可靠、灵活传输；发挥“云计算”等新技术在海量数据处理方面的优势，提升海量信息处理能力；开展多种信息安全技术的研究，大幅提升电网信息安全管理水平。同时，还提出了基于满足多元化用户需求的多种信息展现技术的研究与应用。

（三）重视电网安全技术

《规划》将电网安全作为“十二五”电网发展的重要目标之一。

电网安全技术的研究始终贯穿九大重点任务中，尤其在大规模间歇式新能源并网、智能配用电、大电网智能运行与控制、柔性输变电技术与装备以及电网信息与通信等重点任务中，安全技术成为重中之重。

《规划》在发展目标中指出：到2015年，在智能电网关键技术上实现重大突破和工业应用，形成具有自主知识产权的智能电网技术体系和标准体系；突破可再生能源发电大规模接入的关键技术，实现可再生能源规模化并网发电的友好接入及互动运行；积极发展储能技术，提高电网对间歇性电源的接纳能力，解决大规模间歇性电源接入电网的技术和经济可行性问题。到2020年，关键的智能电网技术和装备达到国际领先水平，重点解决电网合理布局，高效输配，优化调度，增强保障度，有效降低经济成本等问题；建成符合我国国情的智能电网，使电网的资源配置能力、安全水平、运行效率大幅提升，电网对于各类大型能源基地，特别是集中或分散式清洁能源接入和送出的适应性，以及电网满足用户多样化、个性化、互动化供电服务需求的能力显著提高；全面满足消纳大规模风电、光电的技术需求，为培养新的绿色支柱能源提供畅通的电力传输通道，城市用户的供电可靠度达到每年每户停电小于1h。

与此同时，《规划》指出电网发展对关键技术和装备提出更高要求。提高设备运行的安全性及经济性，节约维护费用，需要以智能化的输变电设备为基础，实现设备全寿命周期管理，提高输变电资产的利用效率。提高电网运行的安全性和稳定性，需通过智能化的输变电设备与电网间的有效信息互动，为电网运行状态的动态调节提供有力支撑。同时，电工制造行业及相关产业自主创新和产业升级，需要靠提升输变电设备的智能化水平来推动，以提升科技创新能力和国家竞争能力。

2.4.2 我国在智能电网关键技术和装备方面的进展

国家电网公司制定并发布了智能电网关键设备（系统）研制规划，围绕7个专业分支、28个专题、153项关键设备开展研制工作，基本完成了输电线路状态监测、配电自动化系统、用电信息采集系统、智能电网调度支持系统等大部分专题的设备（系统）的研制。自主研制的1000MW/320kV柔性直流换流阀及阀基控制设备样机取得成功，填补了该领域国际空白。高压大容量柔性直流输电关键技术研发取得突破性成果，为大连和舟山柔性直流示范工程建设提供了重要技术支撑。全面建成张北储能实验基地，成为国内唯一可从事多类型大容量电池储能系统的并网实验平台。首次提出输电线路舞动判断控制准则和防舞动设计规范，实现了防舞动关键技术的突破。研发成功智能配电终端统一软硬件平台、变压器智能组件及800kV交流智能断路器，为智能电网建设提供了有力的保障。

2012年，国家电网公司在智能电网领域的8个技术方向取得重要突破：

（1）可再生能源并网方面，大规模风电/光伏发电功率预测及运行控制、分布式光伏发电接入等关键技术取得突破。建成了世界上第一个集风力发电、光伏发电、储能系统、智能输电于一体的国家风光储输示范工程，对于推动我国新能源及战略新兴产业发展具有重要意义。

（2）智能变电站方面，新建并投运了110～750kV智能变电站220座，在国际上首次提出智能变电站系列技术标准，智能变压器、智能开关设备、一体化监控系统、电子式互感器等关键技术和设备得到规模应用，提出了新一代智能变电站设计方案。

（3）电动汽车充换电服务网络方面，在26个省（自治区、直辖市）建成投运电动汽车充换电站353座、充电桩14703个，构建了世界上覆盖范围最大的电动汽车智能充换电服务网络。在电动汽车充换电设备研制、充换电设施建设及运营模式等方面取得突破。

（4）智能电网调度技术支持系统方面，建成投运了11个试点工程，“三华”智能电网调度技术支持系统的全部应用功能均已上线运行，在实时监控预警、调度计划、安全校核等功能实用化方面取得了重要突破，为技术的国际化奠定了基础。

（5）输变电设备状态监测系统方面，对220kV及以上重点输电线路实施状态监测，开展直升机、无人机智能巡检，有力支撑了输电业务的精益化管理和电网安全运行决策，实现了设备状态监测规范化、集约化以及相关试验检测能力方面的突破。

（6）用电信息采集系统方面，累计应用智能电能表1.2亿只，累计实现用电信息采集1.25亿户，建成世界上规模最大的AMI应用系统。

（7）配电自动化方面，国家电网公司经营区域内24个城市核心区建成或投运了配电自动化系统，有效提高了配电网运行智能化水平。在配电自动化主站系统、智能配电终端、标准化信息交互以及分布式电源接入等方面取得突破。

（8）智能用电服务平台方面，已建成28个智能小区和智能楼宇，25.7万用户电力光纤到户。积极响应国家“三网融合”战略，在电力光纤到户与智能用电和能效服务的结合应用方面实现突破。建成了国内外功能最齐全的上海世博园、中新天津生态城、扬州开发区3项智能电网综合示范工程，为区域智能电网建设、运营和管理积累了宝贵经验。

2.5 试点与工程建设

示范工程与试点项目是新技术应用及大范围推广的试验场。2009

年以来，国家电网公司和南方电网公司根据国家智能电网战略发展目标精心部署了多批次的智能电网示范工程与试点项目，取得了良好的示范和试验效果。

国家电网公司结合供电区域内各地区电网特点和智能电网发展需求，每年立项安排智能电网试点项目，覆盖国家电网公司经营区域内的26个省（自治区、直辖市），涵盖发电、输电、变电、配电、用电、调度等6大环节和通信信息平台。2011年以来，国家电网公司智能电网建设进入全面建设阶段，随着智能电网建设工作更加深入，推广建设项目和试点示范项目齐头并进。截至2012年底，国家电网公司累计安排智能电网试点项目32类303项，已建成试点项目29类269项。以“服务经济发展、服务节能减排、服务民生建设”为建设理念，相继在上海、天津、北京等5个城市及经营区域内其他17个省级公司实施智能电网综合建设工程，实现了城市与电网的和谐发展。智能电网项目试点在世界范围建设规模最大、涵盖领域最广、推进速度最快，应用效果显著。

南方电网公司也将智能电网试点工程建设列为其智能电网战略的重要组成部分。截至2012年底，南方电网公司已建和在建的试点工程涵盖新能源接入、电网运行智能化、输变电设备智能化、配电智能化、智能化技术科普与体验等多个领域和层面，有效地验证了智能电网技术研究的阶段性成果。

2.5.1 智能电网综合建设项目

自2009年提出智能电网发展战略以来，国家电网公司在智能电网技术的综合与集成方面开展了大量工作。启动了上海世博园、中新天津生态城、江苏扬州经济技术开发区、北京未来科技城、江西共青城等5项智能电网综合示范工程，集中展示了智能电网各领域的最新成果，诠释了智能电网的建设内涵，体现了智能电网与城市的和谐发展，广泛传播了智能电网建设理念。2012 年，以“三个服务”为建设理念，智能电网综合建设工程推广到重庆、浙江、山东、黑龙江等 17 个省公司，开展了智能电网综合建设工程选址、论证和建设方案审查，目前各单位均已进入工程实施阶段。建成江苏扬州开发区智能电网综合示范工程，成为继上海和天津后，第三个具备全面展示智能电网综合示范效应的地区。

为指导智能电网综合建设工程的推广建设，国家电网公司科技部（智能电网部）先后印发了《城市区域智能电网典型配置方案》、《智能电网综合建设工程建设指导意见》、《智能电网综合建设工程功能定位研究报告》等文件和报告，形成了完整的理论方法体系和工作指导规则，制定了具有多维度、多指标的建设方案审查评分标准和工程验收评分标准，构建了一套从工程策划、方案评审、实施推进、验收评价的标准化、规范化流程，为工程实施提供了有效指导。

（一）冀北唐山曹妃甸工业区智能电网综合建设工程

对于以大型工业企业为核心、工业分布高度集中、资源能源消耗大、污染严重的工业区，其方案设计主要围绕电力供应优质可靠和能源消费绿色低碳配置分布式电源接入、智能变电站、输变电设备状态监测、配电自动化等子项，以满足区域内产业发展的用电需求，降低能源资源损耗及污染物排放。并结合区域内用户特殊需求在储能、需求响应、电能质量监测等方面开展合作共建及商业模式探索。曹妃甸工业区以现代物流、钢铁、石化、装备制造四大产业为主，智能电网综合建设工程方案配置了输变电设备状态监测、配电自动化、电能质量监测、智能需求侧管理等 11 个建设子项，为循环经济型产业体系的构建提供支撑和保障，具体如图 2－1 所示。

（二）福建海西厦门岛智能电网综合建设工程

对于以生态理念构建区域产业体系的生态园区，包括工业企业、

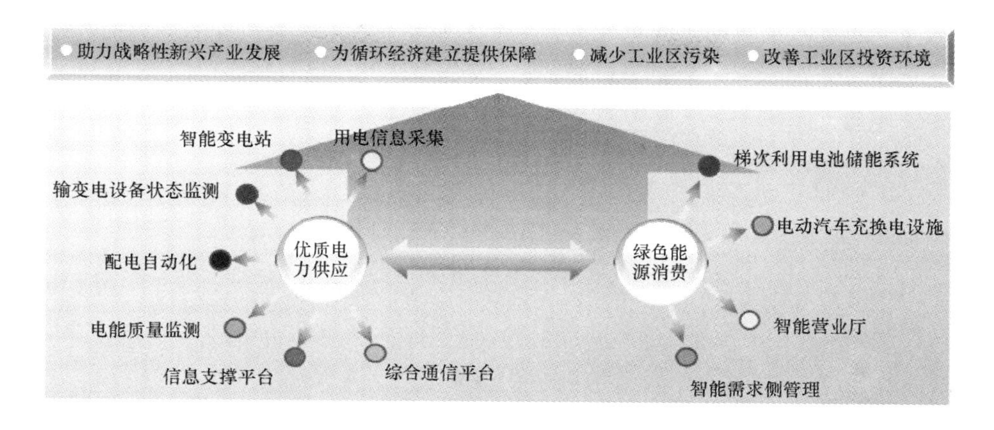

图 2-1 曹妃甸工业区智能电网工程的设计理念

居民用户等多种类型，主要以支撑区域经济社会绿色、低碳、可持续发展为诉求，开展智能电网综合建设工程方案设计。厦门岛素有“海上花园”城市的美誉，岛内能源自给率不足 1%，能源供不应求、结构失衡等问题突出。结合厦门岛特点及发展诉求，通过智能需求侧管理、光储互补微电网、电动汽车充换电网络、智能园区等子项建设，助力打造资源节约型、环境友好型的海上花园城市，具体如图 2-2 所示。

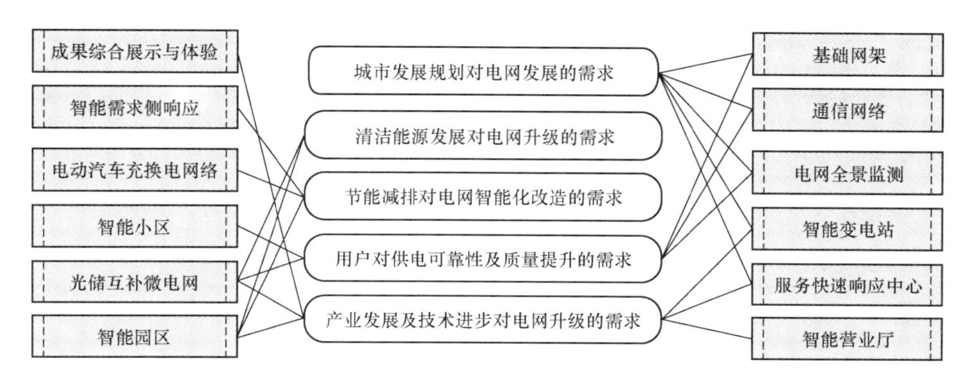

图 2-2 福建海西厦门岛智能电网综合建设工程的功能框架

（三）宁夏银川高新技术开发区智能电网综合建设工程

高新技术开发区是知识密集、技术密集的城市区域，对供电可靠性、电能质量等的要求较高。宁夏银川高新技术开发区结合开发区战略定位、产业发展及民生建设需求，充分发挥区域内装备制造、新能源、新材料产业优势，设置了光伏发电接入及储能系统、电能质量监测与治理、电缆综合在线监测、电力无线宽带通信系统、云计算应用支撑平台、能效管理与需求响应等建设子项，具体如图 2-3 所示。

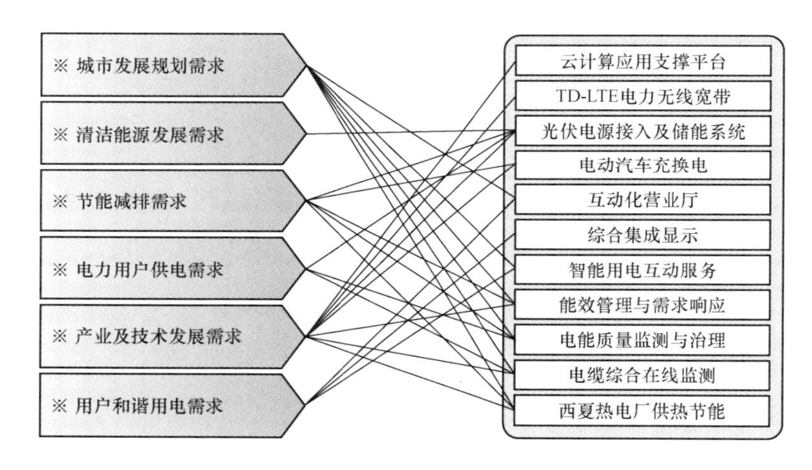

图 2-3 宁夏银川高新技术开发区智能电网综合建设工程的功能框架

（四）上海虹桥商务区智能电网综合建设工程

对于高度集中城市经济、科技和文化力量，具备金融、贸易、服务等多种功能的商业区，其方案设计侧重于高品质电能供应和双向用电互动。上海虹桥商务区将智能电网内涵与虹桥商务区“智慧虹桥”、“低碳虹桥”的建设要求相结合，围绕“低碳、可靠、互动”开展方案设计，配置了智能楼宇及能效管理、新能源接入与微电网、储能系统、电能质量监测治理、电动汽车充换电设施、需求响应等建设子项，具体如图 2-4 所示。

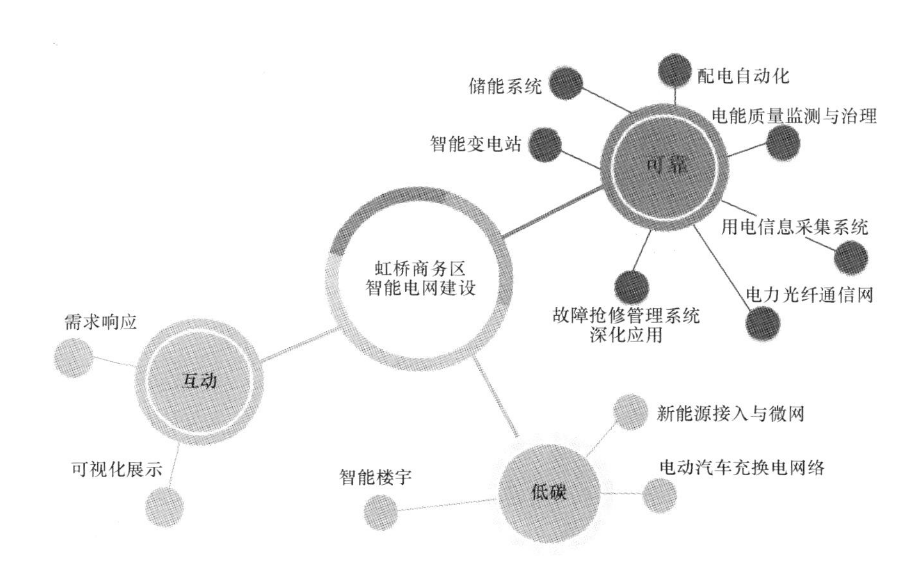

图 2-4 上海虹桥商务区智能电网综合建设工程理念描述

（五）吉林农安新农村智能电网综合建设工程

农村区域电网可靠性较低，需结合建设区域经济发展、现代农业生产、人民生活水平提高对电力供应的需求，以“安全、可靠、经济”为中心，侧重于农网的智能化升级、供电可靠性提升等方面，开展新农村智能电网综合建设工程方案设计。吉林农安新农村智能电网综合建设工程利用农安气候及地理环境优势，开展分布式电源接入和配电自动化建设，提高农网的供电可靠性和电压质量；结合农业生产温室大棚、喷灌系统、机械大库等建设需求，开展农业生产智能化建设，实现智能电网与新农村建设的耦合。

（六）中新广州知识城智能电网示范工程

位于广州市萝岗区中新知识城的中新广州知识城智能电网示范工程，落实国家低碳发展战略，支持新能源开发利用，在新能源、输电、变电、配电、通信和电动汽车等领域，通过建设智能变电站、智能配电网、智能输电系统、智能通信系统、新能源系统、电动汽车充电设施等，实现电网运行状态全周期、全景监视，达到优化资源优化配置，合理控制分布式能源接入，降低电网运营成本，充分满足用户对电力的需求，确保电力供应安全性、可靠性和经济性、满足环保约束、保证电能质量、适应电力市场化发展，实现对用户可靠、经济、清洁、互动的电力供应和增值服务。

2.5.2 试点项目和示范项目

突出智能电网发展重点，不断扩大试点领域，国家电网公司全面启动物联网、云计算等 9 类 16 项新增试点项目。新一代智能变电站建设工作迅速推进，110kV 和 220kV 电压等级的技术方案已经确定，28 项专题研究和 6 项示范工程全面启动。

（1）智能变电站。为实现结构布局合理、系统高度集成、技术装备先进、经济节能环保、支撑调控一体的建设目标，在江苏、辽宁等省公司选择 110kV 和 220kV 电压等级变电站，开展新一代智能变电站试点工程建设，提升智能高压设备、电子式互感器等关键设备性能；在山东公司建设集中式网络保护系统，实现区域电网的保护与控制。

（2）大规模新能源发电集群控制。为抑制大规模新能源发电出力的波动性，实现就地集群控制，在甘肃公司建设大规模风电、光伏电站集群控制功能，开展大规模风电、光伏发电集群的有功、无功和安全稳定控制，缓解新能源并网冲击。

（3）柔性直流输电。未解决城市电网输电走廊局限，开辟新的海上输电走廊，接纳可再生能源，在大连建设高压大容量柔性直流输电试点工程；为解决我国东部海上大规模风电接入问题，在舟山建设多端柔性直流输电试点。

（4）电网智能柔性控制系统。为提高交流通道的输电能力，建设电网柔性控制试点工程，具备在线评估与决策、交流柔性控制、扰动源定位及控制功能。

（5）储能系统应用。为提高配电网末端供电能力，提高供电质量，选择城市复核增长较快的地区，开展城市储能系统试点建设。

（6）分布式发电及微电网接入控制。为提高海岛清洁能源供电能力，选择具有丰富风能和太阳能资源的海岛，开展分布式发电及微电网接入控制试点工程建设。

（7）物联网区域应用示范。为加快物联网技术在智能电网中的应用，开展物联网区域应用综合示范，实现变电站智能化管理、基于智能感知与自组网的配电线路状态监测与预警、配用电资产管理。

（8）云计算技术示范应用。为实现云计算技术在智能电网的应用，实现基于云计算的用电信息采集与数据分析，以及基于虚拟化技术和云计算资源管理平台建设 IT 基础设施云。

（9）TD-LTE 电力无限宽带系统。为实现第四代无线通信技术在智能电网中的应用，在宁夏建设基于电力专用 230MHz 频段的 TD-LTE电力无限宽带试点工程，实现在用电信息采集、负荷控制管理、配电监测、视频监控等业务中的应用。

南方电网公司在新能源并网、输配变领域、用电领域、调度领域积极建设相应的智能电网示范项目。

（1）一体化智能运行智能系统示范项目。在广东中调主站、东莞地调主站、深圳地调主站、佛山配调主站等地开展了一体化电网运行智能系统示范项目的建设，在现有基础上进一步加强专业应用建设，并通过集成等技术手段，整合各类应用和数据，消除信息孤岛，提升支撑能力，逐步建成覆盖网、省、地县四级调度各专业及厂站的一体化电网运行智能系统，建立起系统智能数据中心、智能监视中心、智能控制中心、智能管理中心，为电网运行监视、运行控制、运行管理各业务提供更好的技术支撑。

（2）变电站驾驶舱示范工程。先后在广州110kV尖峰站、深圳110kV大浪站、佛山110kV瑞颜站、茂名110kV广场站、安顺110kV南华站、普洱110kV景东站等6座变电站作为第一批试点变电站建设了变电站驾驶舱示范工程。面向变电站运行、维护、检修、试验等生产运行人员的工作需求，提供变电站运行监视、分析、查询、操作等“一站式”平台，提高自动化水平，简化操作步骤，以提升驾驭电网的能力和电网资产运营效益。

（3）珠海市万山区多空间尺度高效自治群微电网示范项目。根据珠海万山群岛发展规划所提出的用电要求并综合考虑作为国家海洋开发试验区的示范效应，利用微电网技术提出桂山岛、东澳岛、大万山岛的海岛10kV供电系统解决方案。发挥万山海洋开发试验区区位、环境和资源优势，实现海岛能源和资源的综合利用，解决海岛稳定供电问题，促进万山区社会和经济的可持续发展。

（4）广州跑马场电动汽车电池更换客户体验中心。是南方电网公司和Better Place公司合作建设的一个以可替换电池、网络运营为基础的商业合作模式展示中心，地点位于广州珠江新城赛马场南门处。该体验中心主要着力于南方电网公司服务区域内的电动汽车及基础设施项目展示。

（5）智能配用电信息及通信支撑技术研究及示范项目。位于广东佛山的智能配用电信息及通信支撑技术研究及示范项目，以提高配用电通信性能和海量信息处理能力为目标，提出适用于智能配用电的“最后一公里”通信的完整解决方案；建立统一、便捷的网管系统，实现通信网络可视化运维、远程调测/升级、远程故障定位和诊断技术；建立智能配用电系统通信业务深度识别、控制与抗攻击技术体系，构建信息安全的防护体系；建立基于IEC 61968的智能配用电信息和业务标准模型以及图模互操作技术；建立基于IEC 61968与IEC

61850 融合的数据采集无缝通信体系；建立智能配用电的海量数据处理和基于模型驱动的 CIM 自动升级与智能处理平台；以千灯湖广东金融高新区为试点，验证智能配用电系统广域、分散特点，支持多样化和互动业务需求。建设配用电信息与通信标准化检测中心，建立智能配用电智能终端设备、通信设备和软件系统的检测标准体系和规范。

2.5.3 推广建设项目

2012 年，国家电网公司开展了智能电网综合建设工程、常规电源网厂协调、新能源发电功率预测及运行控制、输变电设备状态监测系统、输电线路智能巡检、智能变电站、配电自动化、用电信息采集系统、电动汽车充换电设施、智能电网调度技术支持系统、调度数据网络及二次安全防护体系、骨干通信网、电力光纤到户、SG-ERP 支撑智能电网建设等 14 类推广建设项目。组织开展 13 个省调、28 个地调智能电网调度技术支持系统建设。在开展 24 个城市核心区配电自动化试点基础上，组织完成 10 个重点城市配电网示范工程建设。推广应用 5000 万只智能电能表，新增用电信息采集用户 4800 万户。建成电动汽车充换电站 110 座、充电桩 1420 个。完成 25.7 万户电力光纤到户建设，并成功实现商业运营 2 万户。

（1）发电环节。目前，国家电网公司经营区域内接纳风电超过 5000 万 kW，接纳光伏发电 334 万 kW，成为世界上风电并网容量最大的电网。建设的国家风光储示范工程创造了风机类型最多、功率调节型光伏装机容量最大、新能源联合电站运行水平最高等多项世界第一。

（2）输电环节。国家电网公司对 220kV 及以上重点输电线路实施状态监测，开展直升机、无人机智能巡检，有力支撑了输电业务的精益化管理和电网安全运行决策。

(3) 变电环节。新建并投运了110～750kV智能变电站220座,提出了新一代智能变电站设计方案。

(4) 配电环节。国家电网公司经营区域内24个城市核心区建成或投运了配电自动化系统,有效提高了配电网运行智能化水平。

(5) 用电环节。截至2012年底,国家电网公司累计应用智能电能表1.2亿只,累计实现用电信息采集1.25亿户。电力光纤到户25.7万户,建成世界上规模最大的AMI应用系统。在26个省(自治区、直辖市)建成投运电动汽车充换电站353座、充电桩14703个,构建了世界上覆盖范围最大的电动汽车智能充换电服务网络。

(6) 调度环节。建成投运世界上规模最大、驾驭能力最强电网调度技术支持系统,保障了大电网安全运行。

2.5.4 部分已投运综合示范项目的效果

(一) 中新天津生态城智能电网综合示范工程

中新天津生态城智能电网综合示范工程是国内首个进入实质性建设并投入实际运行的智能电网综合工程,也是目前世界上功能最强、覆盖范围最广的智能电网综合工程,是我国智能电网建设的一个标志性工程,项目总体框架如图2-5所示。

智能电网示范工程通过配电自动化、设备在线监测、智能调度、智能变电站等新技术,提高电能质量和供电可靠性与安全性、生态城供电可靠率将达到99.999%,电压合格率100%,$N-1$通过率100%,综合线损率降低了1.18%,能源供应更加可靠。试点工程实现36kW风电、光伏清洁能源和储能构成的微电网接入。研制了基于智能调度支撑平台的微电网能量管理系统,达到充分利用分布式电源、节能减排的目的。建立了智能营业综合数据管理平台,利用网络、短信、电话、邮件、传真等多种途径给客户提供灵活、多样的交

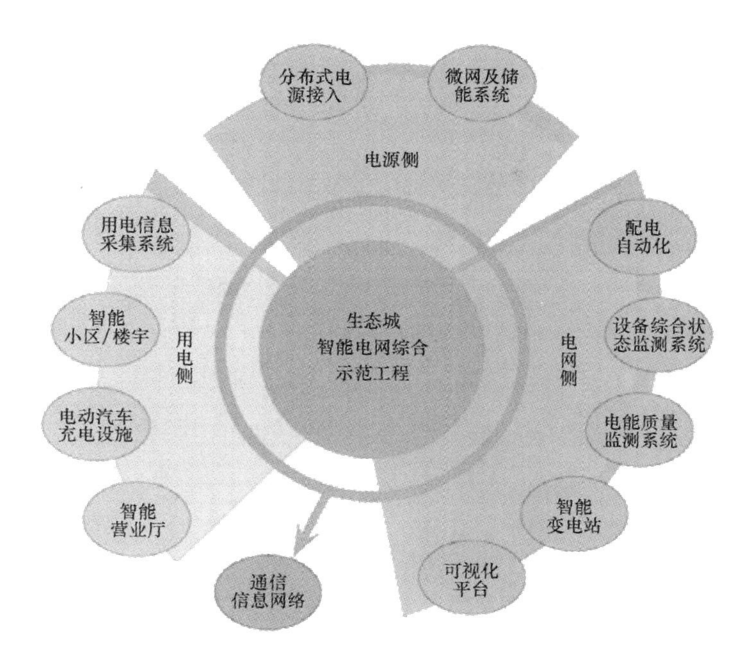

图 2-5 项目总体框架

互方式，实现与客户的现场和远程互动，使客户可根据各自需要查询供用电状况、电价电费、能效分析等信息，实现各类智能家居设备远程控制和管理。

中新天津生态城智能电网综合示范工程以验证智能电网新技术、规范和设备性能，综合宣传展示智能电网理念为主要目的，其经济性主要体现为节约建设投资、降低线损增益、提高供电可靠性增益、降低运行维护成本、运营效益等方面的综合效果。生态城智能电网示范工程每年将累计减少 1074.32t 燃油消耗，节约标准煤 5929.7t，共计每年可减少 CO_2 排放 18488.2t，节能减排效果显著。

试点工程综合应用智能电网各个环节的技术，从电源侧、电网侧和用电侧构成了一个完整的城市区域智能电网，全面展示了智能电网各个环节的最新研究成果，为城市区域智能电网建设提供了一个“能实行、能复制、能推广”的典范。

（二）国家风光储输示范工程

国家风光储输示范工程（简称张北项目）是国家电网公司与国家科技部、财政部和国家能源局联合推出，旨在创新解决风电、太阳能发电并网关键问题的综合利用示范项目，对我国智能电网和新能源发展具有重要引领、示范作用。

一期工程于2011年12月25日建成投产，包括风电9.85万kW、光伏发电4万kW和储能2万kW，配套220kV智能变电站一座。投产以来，工程运行平稳、设备状态正常。2012年10月29日国家电网公司启动二期工程。二期计划总规模为51万kW，包括40万kW风力发电、6万kW光伏发电和5万kW储能装置。建成后，张北项目总规模将达到67万kW，其中风电50万kW，光伏发电10万kW，储能装置7万kW。项目一期工程的运行方式如图2-6所示。

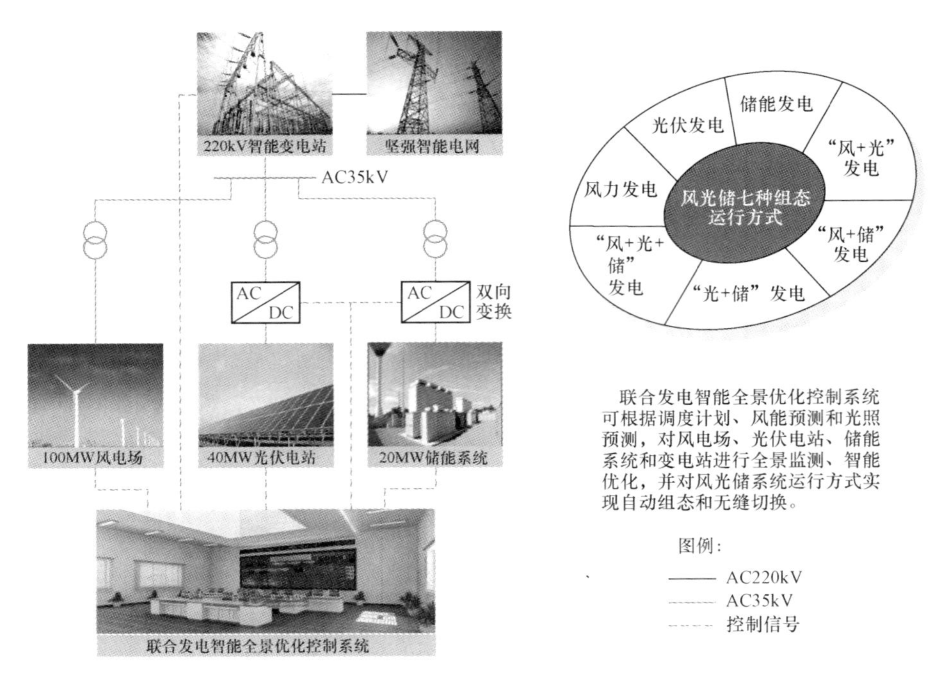

图2-6 张北项目一期工程的运行方式

张北项目投运以来取得了丰硕的阶段性成果。在风电方面，进行了不同容量、不同技术路线的对比分析。实现了统一平台监控不同风电机组，故障远程在线监测及控制等技术的应用。研究提出了高电压穿越参数标准和风机参与无功调节的初步方案。在光伏发电方面，建成投产国内最大的功率可调型光伏电站。具备有功、无功功率调节能力，可以全天 24h 为电网提供无功补偿。开展了多种技术的比对，包括光伏组件发电量、等效满负荷小时数、支架效率等。在储能方面，国际上首次实现了多类型储能电池的大规模集成应用和统一监控。实现了平滑波动、跟踪出力等功能性应用，有效地改善了新能源发电质量。并进行了削峰填谷、系统调频等高级功能试验。在联合监控方面，完成了风机、光伏、变电站、SVG、储能各项监控子系统之间的硬件连接和通讯调试，实现了全景监控系统对风机、光伏发电单元的群控、群调功能。积极推动了全景监控系统 AVC 功能的开发和完善。在设备试验检测方面，小东梁风电场对许继 WT2000 型风机、孟家梁风电场对金风 GW2500 型风机等设备进行了试验检测，并对多种机组进行了低电压/高电压穿越能力检测，掌握了大量精确数据。在健康运营方面，通过风光储联合发电运行模式的多组态切换，具备了平滑出力、跟踪计划、削峰填谷、调频等功能，在一定程度上实现了新能源发电的可预测、可控制、可调度。目前变电站主要设备运行情况稳定。在科技创新方面，形成了以中国电科院、国网电科院为研发主力的，全方位、多层次的科技协同攻关体系。提前两年完成国家科技支撑计划七大课题研发的主要任务，实现了五大技术突破—风光储联合发电互补机制及系统集成、风光储联合发电全景检测与综合控制、高精度风光一体化发电功率预测技术、风光储联合发电的网厂协调技术和电池储能装置大容量化及储能系统电站化集成技术。

（三）扬州经济技术开发区智能电网综合示范工程

扬州经济技术开发区智能电网综合示范工程于2011年11月27日竣工投运。该项目全面应用了智能电网各个环节的技术，并予以综合应用，从电源侧、电网侧和用电侧构成了一个完整的城市区域智能电网。在技术上集成了发电、电网、用电等多个创新，重点在可视化运行平台、用户用能管理、配用电融合、微电网等原创性系统和软硬件集成方面实现创新与突破，并建立了涵盖城市区域智能电网建设与运营的完整标准体系。

项目集中体现了智能电网在智慧城市的实践，工程对提高可再生能源利用率、促进电动汽车绿色交通发展、提高人们生活品质、推动智能电网和开发区市建设等方面，智能电网效果初见成效。通过分布式电源和微电网接入等电源侧技术实现了高渗透性清洁能源接入智能电网。通过智能变电站、配电自动化等电网侧技术有效提高了电网的安全性、可靠性和积极性。开发区总体供电可靠性达到99.999%，电压合格率100%，$N-1$通过率100%。通过智能小区、电动汽车等用电侧技术实现了用户与电网之间的双向互动，通过用电策略指导用户合理用电、节约用电，通过电动汽车使用进一步降低了终端能源消耗的碳排放量。

2.6 专题研究

充分发挥电网的网络资源功能，为用户提供清洁、经济、灵活、多样的电力综合服务是智能电网的主要效能。自2009年我国开始建设智能电网以来，为缓解过去长期存在的“重发、轻供、不管用”问题提供了平台和手段。如何充分利用电力的替代功能，如何使电力用户享受用电带来的增值服务逐渐成为电力公司关注的新服务点和新盈利点，并通过统一规划和资金投入取得了丰硕的成果。本节将专题介绍电动汽车及其充换电设施建设和电力光纤到户与智能小区在我国的发展情况。

2.6.1 我国电动汽车及其充换电设施产业

（一）扶持政策

（1）中央电动汽车相关政策。

我国从2009年初开始逐步建立节能与新能源汽车示范推广政策体系，财政部、科技部、工业和信息化部、国家发展改革委等四部门陆续出台了9项具有重要里程碑意义的政策文件，目前已初步构建了可操作、较完备性的政策体系。总体上，2009年，我国政府主要是建立了示范推广补贴政策和准入政策；2010年主要是扩大试点范围，拓展私人购买领域，以及明确“新能源汽车主要就是电动汽车这一重要定义”。2011年新出台的两个政策文件则是在我国电动汽车示范运行期间发生自燃事故，国内质疑甚至否定电动汽车发展的声音有所放大之际出台，对于规范后续示范推广工作，以及坚定各界信心具有重要作用和意义。我国节能与新能源汽车政策发展历程如表2-1所示。

表2-1　　我国节能与新能源汽车政策发展历程简表

时　间	主要政策及要点
2009年1月	财政部、科技部发布《关于开展节能与新能源汽车示范推广试点工作的通知》（财建〔2009〕6号）。 1. 提出了针对公共领域示范推广的《节能与新能源汽车示范推广财政补助资金管理暂行办法》； 2. 选定了北京等13个试点城市
2009年6月	工业和信息化部发布《新能源汽车生产企业及产品准入管理规则》（工产业〔2009〕第44号）。 1. 提出《新能源汽车技术阶段划分表》，对不同技术路线分为起步期、发展期、成熟期3类； 2. 明确了新能源汽车企业准入条件和产品准入条件

续表

时　间	主要政策及要点
2010年5月	四部门发布《关于扩大公共服务领域节能与新能源汽车示范推广有关工作的通知》(财建〔2010〕227号)。 增加天津等7个试点城市，试点城市总数达到20个
2010年5月	四部门发布《关于开展私人购买新能源汽车补贴试点的通知》(财建〔2010〕230号)。 1. 示范推广领域拓展到私人用车领域，提出《私人购买新能源汽车试点财政补助资金管理暂行办法》； 2. 选定杭州等5个私人购车补贴试点城市； 3. 首次提出新能源汽车主要是电动汽车这一定义
2010年7月	四部门发布《关于增加公共服务领域节能与新能源汽车示范推广试点城市的通知》(财建〔2010〕434号)。 增加沈阳等5个试点城市，试点城市总数达到25个
2011年8月	四部门发布《关于加强节能与新能源汽车示范推广安全管理工作的函》(国科办函高〔2011〕322号)。 提出电动汽车全部实施监控、预警与应急机制等11项措施
2011年10月	四部门发布《关于进一步做好节能与新能源汽车示范推广试点工作的通知》(财办建〔2011〕149号)。 1. 提出对试点城市制定鼓励政策、大力推进基础设施、加强示范监控运行、加强资金落实等10点工作要求措施； 2. 提出对示范产品生产企业的6点要求，充电设施受到重视； 3. 提出加强考核的4点要求，明确试点城市和产品退出机制
2012年3月	国务院正式发布《电动汽车科技发展"十二五"专项规划》。 1. 进一步明确了我国将"纯电驱动"作为技术转型的战略目标； 2. 明确要求加强整车租赁、电池租赁等新型商业模式的研究和探索

续表

时　间	主要政策及要点
2012年7月	国务院正式发布《节能与新能源汽车产业发展规划（2012—2020年）》。 1. 明确了以纯电驱动为汽车工业转型的主要战略取向； 2. 提出2015、2020年节能和新能源汽车的产销量及燃料消耗量两项关键目标； 3. 提出了包括实施技术创新工程、加快推广应用和试点示范等在内的四项重点推进措施

2012年3月，科技部根据我国电动汽车科技和产业发展现状及战略目标，制定出台了《电动汽车科技发展“十二五”专项规划》；7月，国务院正式发布了《节能与新能源汽车产业发展规划（2012—2020年）》。两项规划在技术路线、发展目标、重点措施等方面实现了较好衔接，将在今后一个阶段我国新能源汽车产业发展中起到重要的指导性作用。其中，前者对我国电动汽车产业的发展路径和技术取向进行了系统阐述，后者则进一步明确了国家层面的新能源汽车产业发展目标、重点任务与保障措施。两项规划的出台对于统一各方认识，尽快在技术研发与产业化方面取得实质性突破，具有重要引导与推动作用。

（2）地方电动汽车相关政策。

按照中央政策及规划，地方政府是政策落地与示范推广实施主体，其在配套基础设施与政策细则制定方面的作用尤为重要。

总体来看，地方政策出台较中央政策有所滞后，并且各地政策不尽一致。2012年底，上海市才出台了我国首个私人购车补贴的具体实施办法，明确了在国家补贴基础上最高增加4万元地方政府补贴，以及电动汽车号牌免费的优惠。北京目前尚未有明确的整体政策落地实施方案，但提出了以租赁模式为突破口发挥政策体系对商业模式的引导和扶持作用，有关规定如下：电动环卫车电池租赁费用由各区县财政承担，电动出租车电池租赁费用由各区县出租车运营公司承担；用户与北京市电力公司按照2年租期签订电池租赁协议。杭州市尚未正式出台整体实施方案，但近期推动出台了“纯电动汽车租赁模式”新政。杭州市政府携相关企业正式启动了免费换电充电、每月仅花千元租车的新方案，首批投放100辆，计划2年内规模提升至2万辆。新政中，租车用户将可享受两项补贴：一是租金补贴，约占租金的30%～50%；二是电费补贴，租赁期间的换电和充电全部免费；两项累计补贴额超过3万元/车。目前，用户市场响应良好，已超过千位市民进行预订，待补助资金到位、电动汽车及充换电设施准备完备即可全面实施。

部分城市已为充换电设施建设运营提供了扶持政策，但仍有待进一步健全和规范。在充换电设施方面，目前多个地方政府已经出台了对充换电设施的相关扶持政策。如北京新能源汽车联席会明确了充换电站建设补贴、土地无偿使用、项目审批纳入绿色通道等优惠政策，给予换电站建设10%～30%资金补贴，目前已建多个站点均按照30%享受补贴；上海和杭州也给予充换电设备投资一定比例资金支持政策；杭州和济南还出台了给予用户6万km内0.5元/km补贴政策等。但总体来看，目前各地充换电扶持政策体系仍有待进一步健全和完善，并形成正式的政策法规，为充换电设施长期规范发展提供有效指导。

（3）下一步政策走向。

近期中东部爆发的雾霾天气，有望促进相关政策的出台和落地。据央视2013年3月13日报道，财政部、科技部、工信部和国家发展改革委四部委已经达成共识，我国新能源汽车补贴政策计划再延长3年的时间。新能源补贴政策将于2013年上半年出台，补贴方式按照节油效果执行，“补贴金额将分为16个档次”。新的补贴政策将扩大试点城市。

国务院办公厅于2013年1月23日发布了《国务院关于印发能源发展“十二五”规划的通知》。指出在建设新能源汽车功能设施方面，要求建设新能源汽车功能设施，到2015年，形成50万辆电动汽车充电基础设施体系。

推广新能源汽车的私人消费进程，不仅需要对整个产业链进行资金支持，破除地方保护主义也成为不少业内人士共识。在国家出台“通知”之后，多地政府均制定了当地的补贴政策。据透露，北京市也将于今年上半年陆续出台鼓励私人购买纯电动小客车的政策，包括补贴标准、购买纯电动车无需摇号等。据报道，未来中央可能会统一各地方有关补贴和优惠措施，并加强克服地方保护主义壁垒。

（二）电动汽车产业与市场进展

（1）我国电动汽车市场情况。

2012年，我国电动汽车销量增速较快，但市场份额与国外发达地区差距明显。综合工信部和中国汽车工业协会披露的有关信息，我国2012年电动汽车产销规模在1.4万辆左右，同比增长约100%。与美国、日本、西欧地区相比，我国电动汽车销量增长速度并不低，仅低于美国，但电动汽车销量规模相比处于末位。同时由于我国汽车销量基数最大，电动汽车市场占比仅为0.07%。

我国电动汽车销售范围和补贴政策仍局限在重点城市。目前，我国主要有2项电动汽车扶持政策。一是2009年出台的“十城千辆”政策，仅针对25个试点城市的公用领域示范推广提供财政补贴。二是2010年出台的“私人购买新能源汽车补贴试点”政策，仅针对6个试点城市中私人领域提供财政补贴，且目前的中央财政补贴标准到2012年底结束，后续的补贴标准尚未明确。

我国电动汽车销售仍集中在公共领域，商用车占据了较大比例，私人用车领域仍未启动。由于中央“私人购买新能源汽车补贴”政策自2010年发布之后一直未能落地，我国私人购车市场尚未启动。直到2012年底，上海市才出台了我国首个私人购车补贴的具体实施办法。目前我国电动汽车销售仍主要集中在25个“十城千辆”试点城市的公共领域用车。“十城千辆”试点之外的青岛、临沂等地的电动公交也发展较快。

我国单一企业的市场规模小，主流车企的市场占比严重偏低，地方保护主义问题突出。2012年电动汽车乘用车销量规模最大的江淮集团，在全国市场占比约为41%，但其总销量仅为3000辆。与美国、日本由主流车企主导市场不同，我国前四大整车企业（上汽、一汽、东风、长安）的电动汽车市场份额仅为0.2%。此外，我国电动汽车市场中地方保护主义倾向较为严重，各地政府采购公共领域用车往往只选择本地产品。地方保护主义还是私人补贴试点政策迟迟未能落地和推进不畅的重要因素，如上海在上汽的新能源汽车推出之后才正式出台私人购车补贴实施办法，并且其公布的首批2款享受补贴车型全部来自上汽集团。

（2）电动汽车产业基础情况。

在“十五”、“十一五”国家863节能与新能源汽车重大专项的科技攻关下，我国初步建立了电动汽车技术体系，颁布电动汽车国家和行业标准56项，建成30多个新能源汽车技术创新平台。北京、上海等25个城市成为国家级电动汽车示范推广试点城市，共有91家汽车生产企业的373个纯电动车型列入《节能与新能源汽车示范推广应用工程推荐车型目录》。电池产业蓬勃发展，目前已形成珠江三角洲、长江三角洲和京津三大产业聚集区域，动力电池企业已达200家。

纯电动汽车已经具备较好量产能力和条件。在“十五”、“十一五”国家863节能与新能源汽车重大专项的科技攻关下，我国初步建立了电动汽车技术体系，颁布电动汽车国家和行业标准56项，建成30多个新能源汽车技术创新平台。北京、上海等25个城市成为国家级电动汽车示范推广试点城市，共有91家汽车生产企业的373个纯电动车型列入《节能与新能源汽车示范推广应用工程推荐车型目录》，截至2012年底，共生产电动汽车2.39万辆。电池产业蓬勃发展，目前已形成珠江三角洲、长江三角洲和京津三大产业聚集区域，动力电池企业已达200家。

我国纯电动汽车总体进入规模化应用的初级阶段。在乘用车领域，目前国内纯电动汽车投放数量较多的企业主要是江淮和比亚迪，汽车是奇瑞、众泰、北汽、长安、中科力帆和上汽荣威。销量普遍在公务用车和出租车领域，对私人市场的销量仍偏低。在商用车领域，在“十城千辆”示范工程的推广下，25个示范城市已经推广新能源公交车超过10000辆，非示范运营城市也超过了500辆。但由于技术、客观条件等限制，在已经投入示范运营的新能源公交车中，混合动力占据了绝大多数，约为85%，进入2012年后，各地投入的纯电动公交车才开始逐渐增多。

插电式混合动力量产进程略有滞后，有望在近期初步具备量产能力。插电式混合动力以及公告的乘用车企业目前只有比亚迪、一汽、吉利3家企业，上汽、北汽、奇瑞等企业的插电式混合动力汽车正在开发过程中或已完成开发。五洲龙、中通、安凯、东风、北汽福田等多数客车企业目前已有插电式混合动力客车上公告。2013年，比亚迪会进一步推出新款插电式混合动力车型，上汽集团会推出荣威550插电式混合动力版等。丰田插电式混合动力将以普锐斯为原型，在2013年以进口的方式引入中国，随后会根据市场反应决定是否国产。总体来看，未来插电式混合动力乘用车将成为我国电动汽车市场中的重要组成部分。

（3）充换电基础设施发展情况。

截至2012年底，国家电网公司累计建成投运353座充换电站、14703个交流充电桩。其中，浙江省示范工程共服务车辆38754车次，取得了良好的示范效应。目前，国家电网公司已与经营区域内的所有273个地市政府签订了《电动汽车充换电设施建设战略合作框架协议》，在供电营业区域内，市场达到了接近100%的占有率，并在国家和行业的充换电相关政策和技术标准体系制定过程中发挥了重要作用。

南方电网公司明确了换电为主的充换电设施建设运营模式。目前，已在广州、深圳、珠海、南宁、柳州、桂林、昆明等城市建成了充换电示范站，并成立了南方电网综合能源公司。另外，南方电网公司还与Better Place公司合作在广州建设了电动汽车充换电服务体验中心。

普天新能源公司依托深圳为试点，探索运营模式，开展充换电服务网络建设，与深圳市政府签订了负责电动公交车充换电运营业务的协议，并积极拓展全国其他地区的充换电市场。

中石化集团成立了北京首科新能源科技有限公司，负责推动电动汽车充电基础设施建设运营工作，积极宣传加油充电一体化建设的理会。

2.6.2 智能用电：电力光纤到户与智能小区的研究与建设实践

智能用电是智能电网的重要组成部分，是实现智能电网各项功能的基础和物理载体，是建设智能电网的着力点和落脚点，同时也是社会各界感知和体验智能电网建设成果的主要途径。

2009年，国家电网公司启动电力光纤到户、智能小区试点建设工作，旨在探索我国智能小区的发展方向和建设模式，应用和验证关键技术，展示智能电网研究成果，达到宣传智能用电先进理念、提升供电服务水平的目的。经过几年来探索，国家电网公司在智能用电的标准制定、产品研发、技术研究、运营模式方面取得了丰硕的成果。

（一）电力光纤到户

在促进我国经济发展方式转变的背景下，为了实现电信网、广播电视网、互联网融合发展，提高网络利用率，提升国民经济和社会信息化水平，国家大力推动“三网融合”建设，积极制定了相关政策并加快实施。与此同时，智能电网作为世界能源和电力领域发展的新趋势，我国也明确将其作为“十二五”发展重点。

电力光纤（将传统电力电缆中增加光纤）到户作为智能电网的重要建设内容，近年来发展迅速。智能电网的电力光纤作为新型公共服务基础平台具有覆盖范围广、通信带宽高、业务承载能力强等优势，能够满足智能电网自身信息化发展需要。建成结构合理、安全可靠、覆盖全面的高速通信信息网络，可实现对智能电网关键环节运行状况的无盲点监测和控制，实现实时和非实时信息的高度集成、共享与利用。同时，还能够有效支撑“三网融合”，满足其对光纤网络的需要，并有助于破除资源壁垒，减少重复投资建设引起的浪费，综合效益突出，现实意义重大。李克强副总理视察中关村国家自主创新示范区时强调，要做好包括国家电网在内的“四网融合”科技攻关工作。

（1）电力光纤发展现状。

国外发达国家大力推进电力光纤建设，发挥电力光纤材料优势，支撑国家公共通信服务网络建设。日本政府将发展电力光纤到户网络建设 纳入了“e-Japan”计划，东京电力公司和关西电力公司利用自身光纤网络的覆盖优势，积极开展光纤宽带接入、IP 电话、光纤租赁等业务，取得了较好的效果。新加坡政府将电力光纤到户项目纳入到“智慧国 2015”国家战略，以支撑 2012 年全国光纤覆盖率达到

95％的目标。

国家电网公司等企业大力推进电力光纤到户建设，取得了显著成绩。当前，作为智能电网建设重要基础设施的电力光纤到户是满足智能电网建设要求，推动智能电网发展的必然选择。作为智能电网重要建设内容的输电线路状态监测和智能巡检、智能变电站、配电自动化、用电信息采集、分布式能源接入控制、智能营业厅、电动汽车充电服务网络等，都要求电力通信网具备覆盖范围广、传输带宽大、传输可靠性高以及通信安全性高等特点。只有通过电力光纤到户建设构建电力通信网络，才能满足智能电网的建设要求。国家电网公司积极开展电力光纤到户试点项目建设，截至 2012 年 10 月，国家电网公司在 26 个网省、43 个城市开展电力光纤到户项目建设，约覆盖 27.8 万用户。其中，江苏省电力公司计划建成光纤到户 10900 户，包括南京 3953 户、扬州 3516 户、苏州 3431 户；辽宁省电力公司已建成光纤到户 4930 户，包括沈阳地区覆盖 5 个小区 4712 户、大连地区覆盖 1 个小区 218 户；山东省电力公司也计划在 5 个小区共 10462 户完成光纤接入。同时，国家电网公司已完成电力光纤到户组网典型设计等 11 项相关领域企标的编制工作。

（2）智能电网电力光纤到户为“三网融合”带来新机遇。

2010 年 1 月 13 日，国务院常务会议审议通过的《推进“三网融合”的总体方案》指出，到 2015 年，全面实现“三网融合”发展，普及应用融合业务，基本形成适度竞争的网络产业格局，基本建立适应“三网融合”的体制机制和职责清晰、协调顺畅、决策科学、管理高效的新型监管体系，并确定了“三网融合”分阶段发展目标。为了实现发展目标，国家制定相关扶持政策，支持“三网融合”共性技术、关键技术、基础技术和关键软硬件的研发和产业化。对“三网融合”涉及的产品开发、网络建设、业务应用及在农村地区的推广，给予金融、财政、税收等支持。同时，将“三网融合”相关产品和业务纳入政府采购范围。国家扶持政策的制定和落地为“三网融合”发展提供了强大的推动力。

在“三网融合”发展初期，光纤网络资源尚不能满足“三网融合”发展需要。一方面由于部分电信运营商业务发展不均衡，致使部分地区光纤网络资源不足，需要加快光纤网络建设，提高网络覆盖率。另一方面，随着通信信息技术的发展和人们生活水平的提高，“三网融合”的业务内涵需要不断扩展，现有的光纤网络的业务承载和支撑能力无法满足“三网融合”发展需要，亟须进行网络升级改造。

电力光纤等新技术、新产品不断涌现，为“三网融合”提供了更多解决方案的同时，也为“三网融合”统筹发展提出了新课题。电力光纤到户可为“三网融合”提供优质光纤资源，大大缓解了光纤网络不足、业务承载和支撑能力低下的问题。同时，电力光纤随电力线敷设，减少了单独铺设光纤施工投资。而当前“三网融合”建设总体部署中，尚未考虑充分利用智能电网电力光纤。随着智能电网建设的推进，为满足用电信息采集等需要而发展起来的电力光纤资源，是“三网融合”可以充分利用的优质资源，需要统筹考虑，否则，势必会出现光纤网络重复建设、重复投资现象，导致社会资源浪费。但如何统筹智能电网与“三网融合”协调发展，是一个迫切需要破解的新课题。

（3）智能电网电力光纤到户成为支撑“三网融合”发展的生力军。

智能电网电力光纤到户承载包括用电信息采集、智能用电双向交互在内的数据、语音及广播电视等业务，满足电力生产、公共信息服务的需求，实现电力流、信息流、业务流的高度融合，促进传统电网单向的被动用电模式向智能电网双向的互动用电模式的转变，高度符合国家《推进“三网融合”的总体方案》政策要求，是支撑“三网融合”发展的生力军。

智能电网电力光纤到户是对现有光纤通信网的有益补充。大力发展智能电网电力光纤到户建设，充分利用现有的电力系统光纤通信骨干网络，并通过电力光纤到户对骨干网络进行扩展，使之成为一个渗透到千家万户的宽带通信网络，是对现有光纤通信网的有益补充。这也是国务院常务会议推进“三网融合”的重点工作中“充分利用现有的信息基础设施，积极推进网络统筹规划和共建共享”的需要。

智能电网电力光纤到户为“三网融合”顺利实施提供重要的载体支撑。将电力光纤到户纳入“三网融合”总体部署，在实施电力光纤到户的区域，可以有效避免通信信息主营业务运营商之间的在通道资源建设上可能出现的各类问题，通过电力建设一次到位，为“三网融合”业务提供物理通道，有助于推动其顺利实施。同时，电力光纤到户作为智能电网用户接入端的主要实施方案，全面解决了智能供用电在高带宽、高可靠的通信接入问题，具备向社会提供公共服务的网络资源和服务能力，为“三网融合”提供了一个高带宽、大容量、广覆盖、绿色节能的网络应用平台和更多的增值服务空间。

智能电网电力光纤到户让“三网融合”更经济。将电力光纤到户纳入“三网融合”规划，有利于光纤资源整合，实现社会资源利用最优化，减少重复建设投资。同时，光纤随电力电缆敷设，将大大减少单独铺设光纤成本。据统计，普通光纤到户的户均铺设成本约为700元，而电力光纤的户均铺设成本只比单独铺设电力电缆多235元。同时，借助电力光纤网络开展“三网融合”业务，易于实现业务的融合，有利于扩大客户群，加快投资回报。

（二）智能小区

随着我国经济的快速发展，人民生活水平的提高，电力用户期望居住区低碳环保、安全舒适、便利快捷、能提供更高供用电服务质量，智能小区的研究和示范建设正是为了满足这些需求。通过智能小区的先进通信基础设施、智能用电设备、互动软件系统，与小区开发商建设的智能化系统相结合，使得小区公共环境的智能化程度达到较高水平，引导和改变人们的生活方式。依据《智能小区建设指导意见》，智能小区试点建设主要包括分布式电源与储能、小区配电自动化、“三网融合”业务、用电信息采集、互动用电服务、智能家居、电动汽车充电设施和综合应用展示平台等。智能小区的建设要点如图2-7所示。

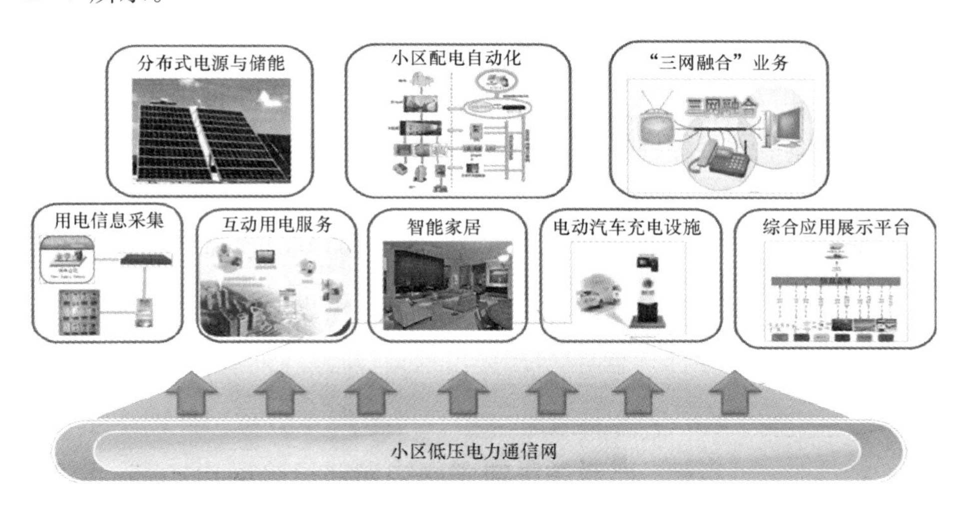

图2-7 智能小区建设要点

（1）我国智能小区建设现状。

智能小区最早在20世纪80年代兴起于日本、欧美等地，20世纪90年代进入我国。1999年少量房地产开发商在建设楼盘时，规划设计了智能化系统。2000年，大部分商品楼盘都不同程度地开始建设智能化系统。建设部从2000年起，开始进行小区智能化相关标准的编制工作，并批准了广州汇景新城、上海怡东花园等7个智能小区为国家康居示范工程智能化系统示范小区。随后，我国的智能小区迅速发展。目前，全国新建的居住区几乎都不同程度地建设智能化系统，特别是安防系统、宽带网及对讲装置。

住宅小区智能化是指利用现代通信网络技术、计算机技术、自动控制技术、IC卡技术，通过有效的传输网络，建立一个由住宅小区综合物业管理中心与安防系统、信息服务系统、物业管理系统以及家居智能化组成的“三位一体”住宅小区服务和管理集成系统。2003年，建设部发布了《居住小区智能化系统建设要点与技术导则》，依据智能小区不同的功能设定、技术含量、经济投入等因素，综合考虑划分为一星级、二星级和三星级，并提出相应的配置要求。同年10月，建设部颁布了《居住区智能化系统配置与技术要求》，将智能化居住区定义为配备有智能化系统的住宅小区，达到建筑结构与智能化系统有机结合，并能通过高效的管理与服务，为住户提供一个安全、舒适与便利的居住环境。居住小区智能化系统包含有安全防范子系统、管理与监控子系统、通信网络三大子系统。其中，安全防范子系统包括住宅报警、访客对讲、小区周界报警、闭路电视监控、电子寻更功能。管理与监控子系统包括水电气三表自动抄表、车辆进出管理、紧急广播、物业计算机管理、公共设施监控功能。通信网络包括电话网、有线电视网、宽带接入网、控制网、家庭网。

（2）新型智能小区建设。

2009年6月，国家电网公司相关单位在北京莲香园小区和阜成路95号院开展用电信息采集、智能家居及增值服务等示范展示工作，为新型智能小区的研究和建设进行了前期探索。

为达到居住区低碳环保、安全舒适、便利快捷、能提供更高供用电服务质量这一目标，国家电网公司适时启动了新型智能小区（在不引起混淆的情况下，简称智能小区）关键技术研究和试点工程建设工作。试点工程将结合已经开展的智能小区建设所取得的经验，充分利用智能电网相关研究的成果，在华北、北京、重庆等公司开展试点工程建设工作，截至2012年底，全国现已建成近70个智能小区。在试点工程中，通过应用清洁能源接入、双向互动服务、停电快速响应、电动汽车充电、电力光纤到户等先进智能电网技术，满足居民用户多元化、互动化的用电需求，支持“三网融合”服务，倡导节能、环保、低碳的生活方式。

通过建设智能小区，将在以下方面得到有力提升：采用光纤复合电缆等先进通信技术，在小区安装智能电能表，实现用电信息采集；结合自助用电服务终端、95598门户网站等实现24h自助缴费及用电策略指导；通过小区配电自动化实现小区配网故障自动检测、故障自动报送、恢复供电，提高故障响应能力；安装电动汽车充电桩，实现电动汽车有序充电；安装太阳能发电等设备，实现分布式电源接入与控制；采用电力复合电缆技术，支持“三网融合”服务；采用智能家居技术，实现三表抄收（电表、水表、气表）、缴费及社区信息服务；通过智能小区建设研究智能用电互动及能效评估体系、用电信息采集、电动汽车充电设施等新型电力业务与传统电力业务系统间的关系，加强营销传统业务与智能小区的整合保证系统有效衔接，支撑智能用电业务的开展。

（3）智能小区的内涵与特征。

智能小区是采用光纤复合电缆或电力线载波等先进通信技术，构造覆盖小区的通信网络，通过用电信息采集、双向互动服务、小区配电自动化、电动汽车有序充电、分布式电源运行控制、智能家居等技术，对用户供用电设备、分布式电源、公用用电设施等进行监测、分析、控制，提高能源的终端利用效率，为用户提供优质、便捷的双向互动服务并支持“三网融合”服务，同时可以实现对小区安防等设备和系统进行协调控制。智能小区的建设，一方面可以满足社会对于用电服务的多元化需求，实现智能电网经济高效、优质、节能环保的目标，达到节能和新能源利用的目的，并引导用户优化用能结构；另一方面推动社会资源共享，引导用户用电行为，响应电网错峰，实现避峰填谷，提高电网设备使用效率，推进和谐社会建设，创造未来的商用典范与新生活方式。

根据对国内外智能小区、智能小区建设现状的分析，结合电网智能化规划，归纳出智能小区特征如下：

1）友好互动。友好互动是智能电网的内在要求，实现电网运行方式的灵活调整，友好兼容各类电源和用户接入与退出，促进用户主动参与电网运行调节，实现居民用户的友好双向互动，实现营销服务模式移动智能化，创新服务水平。采用光纤复合电缆技术，构建小区通信网络，部署自助用电服务终端、智能交互终端等智能交互设备，服务客户智能化、互动化、多样化的用电需求，为用户提供业务受理、电费缴纳、故障报修等双向互动服务；实现对家庭用能设备信息采集、监测、分析及控制，通过电话、手机、互联网等方式实现用智能设备的监控与互动，开展查询用电基本信息及三表抄收等其他增值服务。通过为用户提供优化用电策略，引导用户用电行为，响应电网错峰，实现避峰填谷，提高电网设备的使用效率，提高居民用户合理用电水平，实现更经济的电力供应。

2）清洁环保。在智能小区建设过程中，要考虑电动汽车充电的需求。通过柔性充电控制技术的应用，在小区科学部署充电桩，按照电网运行需要合理安排充电时段，实现对电动汽车充电的有序控制，电力公司和用户能够灵活设置电动汽车的充电时间和充电容量，助力电动汽车真正走近大众。同时，小区内应根据自然条件尝试部署太阳能、风力等分布式电源，结合储能装置实现在负荷高峰时段或停电时段通过分布式电源向用户供电，达到鼓励用户消费清洁能源的目的。智能小区支持对太阳能、风力等分布式电源的并网控制。

3）安全可靠。在智能小区中，电网结构将得到加强，供电可靠性将显著提高。通过对小区供用电设备运行状况及电能质量的监控，实现故障自动检测，故障发生时向配电自动化系统和95598门户网站等报送故障信息，电力公司及时获知故障情况，迅速地汇总、分析各方面信息，快速处理故障，尽快恢复供电。

3

智能电网发展趋势展望

（一）智能电网发展态势展望

2012年，世界各国通过各级电网协调发展，重视地区间和国与国之间的电力交换和交易，大幅度提升电网对大型可再生能源发电消纳能力，同时呈现了智能电网未来发展的新特点：

（1）智能电网双向互动技术及其商业模式的发展，对电力智能经济运行所产生影响的节奏和力度越来越强，将直接影响智能电网发展的进程和速度。在传统的“供方跟随需方”单一模式中加入“需方跟踪供方”的运行和商业模式，并将两种模式高效与经济地融合，将形成供需互动的良性市场机制。

（2）随着智能电网可调度负荷和分布式电源在市场机制和国家政策激励下的快速增加，电力市场日趋活跃。可以预见在不远的将来出现对大量分散式小型电源和可调负荷的管理和买卖业务，使之充分参与电网调度运行和复杂市场行为，并使得参与利益相关方联合受益。

（3）智能电网中信息交互越来越安全和通畅，海量信息资源使得云计算、物联网、大数据等技术在大系统的运行和运营革命性变化中发挥更加重要的作用。

（4）应对间歇式能源大规模并网所带来挑战的力度和难度加大。调度运行和备用安排中需要考虑的灵活源更多、更复杂，包括常规机组、可再生能源、分布式能源、需求响应，储能系统等，在相应的测量、控制、监测手段方面会进一步加大研发和部署力度，并优化升级形成相符合的市场机制。

（5）整个电力系统的控制结构将越来越呈现分散协调性控制模式。负荷种类和电源种类不断增加，属性在不同工况下灵活转换。通信交互技术趋于完善和成熟，运行部门需要和大型发电厂、第三方交互，第三方需要和小用户、分布式能源、主动负荷、分布式储能系统交互。

展望更长远的未来，电网的“网络”和“资源”属性将进一步增强。充分利用电网载体功能，实现一网多用，电网可采集、监控和传输社会、经济、生活各方面信息（如温度、风向、状态等）。电网智能化和自动化水平走向成熟。从数据采集、处理、电网运行调度、电力市场运营到故障识别、控制的全局、全环节自动化和智能化，实现极少人工干预。供电服务理念深化，根据不同用户需求，提供用户定制服务，制定个性化供电方案，在实现单个用户利益最大化的同时实现全社会效益最大化。储能技术取得革命性突破，多种储能设备被广泛应用于电力系统，电网供需瞬时平衡的特点逐步消失，电力系统运行更加灵活。网络的范畴扩大，实现大范围联络、全球联网，达到全球资源的协调最优配置。

（二）近期智能电网技术的发展趋势

根据对未来智能电网发展形态的研判，为实现智能电网未来功能需求和智能电网技术创新需求，主要的技术领域方向及应用概括如下。

（1）新材料、新工艺领域。

新材料、新工艺、新技术的发展，将带动电力器材、设备、设施等的技术变革，使得新能源本身利用效率和商业化程度的不断提高（如波浪能、太阳能热发电等技术进步的应用），常规能源的利用方式更加环保（如清洁燃煤发电技术的研究和应用等技术进步的应用），电力器材、设备、设施以及施工技术的不断革新（如超/特高压交直流架空线输电，同塔多回架空线输电、紧凑型架空线输电、大容量电缆输电、大容量气体绝缘管道等技术进步的应用），超导技术的突破将带来输电乃至电力系统技术的变革。

（2）电力电子技术在电力系统中的应用领域。

电力电子器件及应用技术的不断发展，使其应用的电压等级更高，容量更大。FACTS 技术在电力系统中发挥更大作用，大区域、大容量控制手段更灵活，保护更加完善。装备体积更小、重量更轻、运行损耗更小、成本和运行费用更低的半导体材料的制备技术将逐步完善。基于新型半导体材料的电力电子器件的应用导致全固态交直流断路器、固态变电站、固态变压器等新型电力设备不断涌现，并开始出现各种电压等级的直流输配电网的工程示范及其推广应用。

（3）电力信息采集与处理领域。

广域感知、先进传感器网络的发展，一方面使得个体设备功能更加强大，产生智能化电力设备；另一方面使得全系统可采集到的数据更加全面，为电力系统规划、设计、运维、检修等各环节带来更大便利。融合导航定位、空间信息技术等的智能化电力设备获得广泛应用。借助多维感知信息，智能专家系统实现对配电网设备故障的诊断评估和设备定位检修预测。完成全景全息的电力物联网，实现与智能电网一次设备、二次设备的深度融合。传感设备与电力一次设备同寿命，实现完全感知。信息安全防护系统将覆盖信息采集、传输及处理环节。

（4）电力系统模拟与分析领域。

先进计算机技术的发展，带来电力系统建模、仿真、海量数据处理等方面的突破，为电力系统分析、运行等提供有力工具。仿真实时跟踪评价电力系统行为，故障后立即进行快速仿真并提供决策控制支持、防止大面积停电，并快速从紧急状态恢复到正常状态。配、输电网统一建模和仿真，电网数据可以不同的精细程度自动组合，结合并行计算和云计算技术，实现对电网的按需灵活仿真。仿真结果的智能化分析手段极大增强，为各类应用提供明晰的有用信息。微电网优化设计方法、微电网仿真技术与方法研究。为大规模新能源与可再生能源电力提供友好接入技术（如间歇性分布式电源运行控制、电动汽车的充放电等技术进步的应用）。

（5）智能电网通信技术领域。

通信技术的发展，如物联网技术、复合通信网络等，通过多网融合，电网不仅是电力载体，而且是智慧城市的重要组成部分，为用户创造新的生活形态。电力物联网广泛应用，实现输电线路和电力设备状态信息的全面感知和信息交互。建设完成公网/专网、有线/无线相互补充的智能电网通信传输平台，形成智能管道。初步建立后 IP 时期的新型电力通信网络体系，实现集计算、通信与存储为一体的信息服务。

（6）人工智能技术在电力系统中的应用。

人工智能增加，全局协同性增强，大范围协调能力加强，人工干预减少，机器人发挥更大作用。调度技术的发展自上而下、从集中到分布；控制技术的发展自下而上、从自治到协调；保护技术向自适应保护、系统保护和广域保护发展，实现智能化调度、控制和保护在能量管理框架下的统一融合。智能配电系统优化运行与自愈控制和高度集成化的配电信息系统。微电网的保护与控制、微电网优化运行技术与综合能量管理方法。带动智能用电技术的发展。如家庭、办公楼宇、工厂车间、交通网络、储能和充放系统以及多种传感器和无线网络构成智能交互用电系统，实现智能绿色的用电模式；智能双向互动技术、综合能源管理技术、直流用电技术等。

近期智能电网技术发展的主要关键技术如表 3-1 所示。

表 3-1　　近期智能电网技术发展的主要关键技术

序号	关键技术	技术特征									
		可持续发展		智能化				电网性能提升			
		可再生能源		信息化			灵活性	一次系统			二次系统
		集中	分布	传感	加工	处理		输电	配电	用电	
1	大规模新能源与可再生能源电力友好接入技术（含分布式）	√	√				√	√	√	√	
2	大容量输电技术							√			
3	先进传感网络技术			√							√
4	电力通信与信息技术				√	√					√
5	大容量储能技术		√				√	√	√	√	
6	新型电力电子器件及应用技术						√	√	√	√	
7	电网先进调度、控制与保护技术	√				√	√	√			√
8	电力系统先进计算仿真技术	√	√			√					√
9	智能配电网和微网技术		√				√		√		√
10	智能用电技术						√			√	√

参 考 文 献

[1] 美国能源部．GRID 2030——美国电力系统下一个百年的国家愿景（Grid 2030，A National Vision for Electricity's Second 100 Years）．2003.7.

[2] 美国能源部．智能电网系统报告（Smart Grid System Report）．2009.7.

[3] 美国能源部电力传输和能源可靠性办公室．2010 战略计划（2010 Strategy Planning）．2010.6.

[4] 美国电力科学研究院．智能电网成本与收益评估报告（Estimating the Costs and Benefits of the Smart Grid）．2011.4.

[5] 美国能源部．四年技术评估报告（Quadrennial Technology Review）．2011.9.

[6] 美国联邦能源监管委员会，美国能源部．需求响应国家行动计划（Demand Response National Action Plan）．2011.7.

[7] 美国联邦能源监管委员会，美国能源部．需求响应与智能电网通信实施指导（Demand Response and Smart Grid Communications Action Guide）．2011.7.

[8] 美国国家标准技术研究院（NIST）．智能电网交互系统标准的框架路线图（NIST Framework and Roadmap for Smart Grid Interoperability Standards，Release）．2012.2.

[9] 欧洲配电网系统运行机构（European Distribution System Operators，EDSO），欧洲输电网系统运行机构（European Network of Transmission System Operators for Electricity，ENTSOE）．欧洲电网计划 2010—2018 年路线图暨 2010—2012 年实施计划（The European Electricity Grid Initiative：Roadmap 2010—2018 and Detailed Implementation Plan 2010—2012，EEGI）．2010.5.

[10] 欧洲配电网系统运行机构（European Distribution System Operators，

EDSO)，欧洲输电网系统运行机构（European Network of Transmission System Operators for Electricity，ENTSOE）. 欧洲电网计划实施路线图（The European Electricity Grid Initiative：Roadmap for Public Consultation）. 2012. 9.

[11] 欧盟委员会．智能电网：从创新到部署（Smart Grid：from innovation to deploy）. 2011. 4.

[12] 欧盟委员会．欧洲智能电网工程：经验及发展情况（Smart Grid projects in Europe：lesssons learned and current developments）. 2011. 5.

[13] 日本经济产业省．智能电网国际标准化路线图．2009. 8.

[14] 日本经济产业省．示范项目区域选定结果及路线图．2010. 4.

[15] 日本经济产业省．蓄电池战略．2012. 7.

[16] 冯庆东，何战勇．国内外智能用电发展分析比较．电测与仪表，2012. 2.

[17] 靳晓凌，于建成，杨方，张义斌．发达国家智能电网路线图．国家电网，2012. 2.

[18] 李立理，王乾坤，张运洲．德国电动汽车发展动态分析．能源技术经济，2012. 1.

[19] 国家发展和改革委员会能源局发展规划司．我国智能电网发展模式及实施方案研究．2010. 4.

[20] 国家发展和改革委员会，住房城乡建设部．绿色建筑行动方案．2013. 1.

[21] 国务院．国务院关于大力推进信息化发展和切实保障信息安全的若干意见．2012. 6.

[22] 国务院．国务院关于推进物联网有序健康发展的指导意见．2013. 2.